U0921294

光尘
LUXOPUS

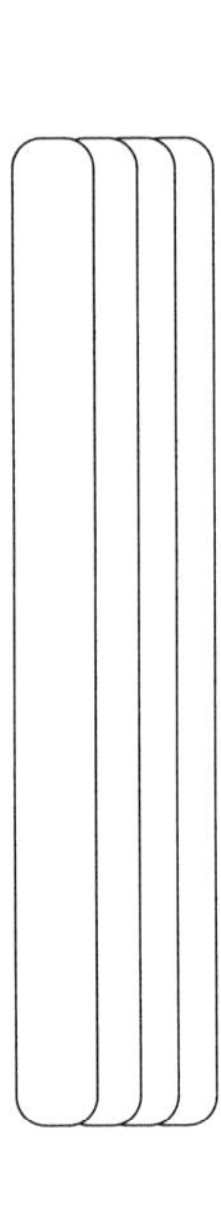

LA PEUR DES AUTRES

TRAC, TIMIDITÉ ET PHOBIE SOCIALE

Christophe André　Patrick Légeron

害怕陌生人

[法] 克里斯托夫·安德烈 帕特里克·莱热隆 著　聂云梅 译

生活·讀書·新知 三联书店　生活書店出版有限公司

图书在版编目（CIP）数据

害怕陌生人 / (法) 克里斯托夫・安德烈, (法) 帕特里克・莱热隆著 ; 聂云梅译. — 2版. — 北京 : 生活书店出版有限公司, 2022.3
ISBN 978-7-80768-339-1

Ⅰ. ①害… Ⅱ. ①克… ②帕… ③聂… Ⅲ. ①人格心理学-通俗读物 Ⅳ. ① B848-49

中国版本图书馆CIP数据核字(2022)第045504号

策划编辑　李　娟
执行策划　邓佩佩
责任编辑　程丽仙
特约编辑　袁晓芳
出版统筹　慕云五　马海宽
封面设计　潘振宇
封面插画　罗可一
责任印制　孙　明
出版发行　生活書店出版有限公司
（北京市东城区美术馆东街22号）
图　　字　01-2022-1103
邮　　编　100010
经　　销　新华书店
印　　刷　北京中科印刷有限公司
版　　次　2022年3月北京第2版
2022年3月北京第1次印刷
开　　本　880毫米 × 1230毫米　1/32　印张 10.625
字　　数　202千字
印　　数　00,001-10,000册
定　　价　58.00元
（印装查询：010-69590320；邮购查询：15718872634）

谨以此书献给终有一日战胜胆怯，

并能和我们聊聊畏惧陌生人经历的人们。

序 言

日常语言中，“焦虑”一词的运用随处可见。这是每个人都能体会到的感受。在我们所经历、所惧怕的各类事件中，它有着不同的含义。在某些人眼里，它是一剂浓烈的兴奋剂，有益身心，且对我们行为、思维及创意的形成必不可少；而在另一些人眼里或是不同场合下，却恰恰相反，它表达了约束的含义，使人麻痹，造成了人们主观上的痛苦，日常生活中的人们无法频频承受此番痛苦滋味。如何划分焦虑正常与不正常的标准，当前的学者持有许多截然不同的观点。然而，大多数观点倾向于认为，人在面临困境时，其身体机能或思维无法保持良好状态；当事件远远超出个人承受能力时，我们的状况就已不属于正常、合乎情理的焦虑了，我们只能这样解释。所以，“焦虑”的普通含义无非是诸多更具情节性的行为表现以及本质不同于往常的表现同时存在于个体身上。焦虑往往与复杂的生理特征为伴，辅以不合时宜的行为。某些人甚至会因真正的惧怕而苦不堪言。所有这些迹象都在提醒人们：如此表现的人就需要提供特殊帮助了，而绝非只是界定是否还在普遍意义的焦虑范围内。这些困惑具备极端的特点，有时会表现得很激烈，它们会造成个人巨大的痛苦，使个体在面对一群人时内心也会产生孤独感。

什么样的人接触陌生人时不会感觉不适，也不会觉得难以将他视为真理的思想传达给周围的人，甚至能做到在一群专心听讲或漫不经心的人面前仍然坚持他内心的想法和行为？有时我们诚惶诚恐地活着，我们惧怕面对陌生人，尤其是要采取主动的时候。总体来说，这种惧怕是合情合理的，可是如果面对陌生人时会有害怕的感觉，它就会产生不可避免的干扰作用、抑制心理，甚而在某些情况下，变成了恐惧症，也就是说几乎经常回避某些社交场合，此种抑制心理极大地改变了人们固有的思维及社交关系。

然而，心理学家、医生及精神病专家不是最近才开始对社交焦虑症和社交恐惧症感兴趣的。很久以前，人们就认识到了胆怯心理，而当时研究这种心理的人群主要是教育家、社会学家和为数不多的心理学家。很多人（某些调查中提及有高达30%的人群）都对胆怯深有体会，人们不认同它本身就是病态表现。同样，长期焦虑症的短期表现——惧怕，会出现在某些特定场景中，其本质并非病态表现，因为它的后果不会造成人的“瘫痪”。然而，事与愿违，惧怕也向社交恐惧症进军，这种社交焦虑症的表现形式让人备感无力。可惜，现代人未能深切察觉，包括医生和心理学家。

社交关系里的抑制行为伴有心理和生理表现，人们越来越多地认识到回避行为及其在社交中所产生的后果。有的人说社交恐惧症是新生事物。其实，早在1846年，卡斯佩尔（Casper）就曾写过一名年轻医生的传记文章，他在文中写道：这名年轻人10岁时就会为一些想法而纠结；13岁时，他会害怕脸红；到了16岁时，他有了自杀的念头。几年以后，他真的自杀身亡。目前，我们知道这种社交焦虑症最严重的表现形式为：在某个特定时期频繁地发作于1.8%～3.5%的人群中，而将近6%～8%的人会在人生中的某个时刻强烈地感受到它所带来的痛苦。据报道，青少年患有社交焦虑症的比例极高。某些人在恐惧症发作时痛苦不堪，而另一些人则在青少年阶段的开始时期有一个新的开端，如同新的社交互动突然出现，而新的社会角色只会激活迄今为止还未释放出的极度脆弱心理。头脑中闪现焦虑表现也是合乎情理的，它们极有可能在某些孩子的行为中突然出现，而且在某些情况下，它们促使孩子做出拒绝或逃课的行为，这些表现似乎不仅仅是因为害怕老师，也因为害怕同学。

诸如此类的焦虑表现及恐惧行为并非只是人类的专属特性，某些动物生态学专家也会将这种行为同某些动物的行为进行比较。较为明显的情况是，人类会回避强势方的目光。

近年来，研究者一直坚持不懈地评估可能引起社交恐惧症的因素，他们发现家庭原因也有可能引发社交恐惧症及自闭症的极度严重症状。其实，我们在社交恐惧症患者的家庭成员身上，并未寻找到特别的恐惧症状（如当众发言时产生的惧怕），但他们所承受的痛苦要比那些丧失活动能力或是有自闭症的患者家人要多得多，因为后者才是人们普遍定义中的社交恐惧症。社交恐惧症表现出来的行为可能会出现在年龄不大的人身上，可能是因为他无力抵挡恐惧症的性格特点，这里主要说的是面对新生事物或陌生环境时体现出来的抑制行为。这些性格特点本身不是疾病的诱因，但依照最新论断来看，它们标志着人的某种脆弱性，而这种脆弱性扎根于一些人身上，当他们受到伤害的时候，社交恐惧症也随之而来。不同的父母、情绪、社会，以及不同的教育程度，都有可能成为社交恐惧症的诱因。它们可以让人的性格充分流露，让他适应环境，消除他的恐惧；但也可能促使人往相反的方向发展，它们让人越来越害怕，然后到了成年后就可能会表现为恐惧症。研究者对有社交恐惧症的人做过研究，发现这些人极可能衍生抑郁症，若再加上时常酗酒，就会让抑郁症越来越严重。我们在有社交障碍的人身上发现很确凿的一点就是他们的不适，这是由恐惧症的表现而慢慢形成的，他们难以向他人，尤其是向医生或心理学家讲述他们的障碍。特别是当社交恐惧症提前发作的时候，他们很难去主动寻求帮助；这难道不是他们个性中根深蒂固的东西吗？何况，他们明确地表示：谈论他们难以逾越的社交障碍是一种耻辱。

克里斯托夫·安德烈和帕特里克·莱热隆所写的这本书极具质量与可读性，他们借助多个具体案例，结合他们丰富的临床经验和思考，描述了长久以来不计其数的人们难以言喻的痛苦。他们以一贯的教学原则及专业态度，为不同人群提供帮助，这也为他们积累了临床上真实而有效的资源，这正是他们目前身体力行的事情。

让－皮埃尔·莱皮纳

巴黎丹尼斯－狄德罗大学精神病学教授

引言 “轮到你发言了”

快到他发言了，他感到心跳加速。他的手心湿了，会议桌的漆面沾满他手上的汗渍。坐在旁边的人注意到他的忐忑不安了吗？当然，他对面的人就在凝视着他，被他发现后，迅速转移了目光。对方正在想什么呢？几分钟后，就轮到他发言了。几个小时前，他的思路无比清晰，而现在却开始凌乱，变得混乱不堪。倘若他不慌张、不着急，他会给别人留下什么印象呢？他的嗓子黏住了，嘴巴也越来越干涩。显然，人们没有在会议室里准备水杯，但不管怎样，还是有人注意到他的双手很明显地颤抖起来，似乎想抓住什么东西。而且，在场的所有人应该都看出了他的不适。“让自己变得如此狼狈不堪，这很荒唐。何况，他们又不会吃了我。我只需要陈述我的年度报告就好了，什么事都不会发生，真该死。”

他的胃拧成了一团，坐在他右手边的人突然打了个喷嚏，他惊跳了起来。有几个人将目光转向了他，他勉强挤出一个笑容以保持风度。“轮到你发言了，杜布瓦。”总经理对他说道。他站起身，但双腿发软。看来他的发言会一塌糊涂。

每个人或几乎每个人迟早都要经历类似的场景：当众发言、邂逅特殊人士、表白爱情，或是一个平淡无奇的追债行为，这些时刻都会让我们感到惧怕。在我们所有的惧怕中，我们对同类的惧怕毫无悬念地成了最具普遍性的惧怕。[1]当我们承受着一个人（或者更糟糕的情况）或一群陌生人的目光，以及他们对我们做出的评价时，惧怕便突然来袭。它有不同的表现形式，如当众发言、经过人满为患的露天咖啡座前、要求餐馆里的侍应生换菜等。

医生和心理学家将人们对陌生人的惧怕定义为“社交焦虑症”。这种惧怕有时会表现得很可怕，让人甚感痛苦，几近病态，此时便是社交恐惧症的情形了。某些场合下，恐惧症的表现是表面波澜不惊，内心却慌乱无比。比如，某些人在吃饭的时候就不能容忍被他人观察，他们情愿不吃饭。这其实也是精神病专家所说的类

1　Zimbardo P., *Shyness*, Reading, Addison-Wesley, 1977.

似自闭症的表现：有自闭症症状的人总是害怕陌生人对他们的否定，他们想方设法地逃离、保护自己、避免再次接触。

对于日常场景中的不适，无论是很普通的害怕还是胆怯心理，皆在社交焦虑症的范围内。那么如何区分病态及正常的惧怕呢？它们总是表现得很温和吗？其实我们对此是心存疑问的：人们无论在工作领域里还是在情感生活中，只要问题关乎捍卫自身利益，陷入困境的场合就会频频出现，所以机体得随时保持警惕状态，即使机体的不适难以察觉，事情最终也会在当事人心里留下印记——其实社交焦虑症甚至会导致很多人抑郁或酗酒。[1]在处理与陌生人的关系中，很多人选择了放弃，皆因为无所适从，毫无成效。

不管是哪种情形，基本模式是一致的：人们惧怕某个（或可能是好几个）社交场合；对社交场合的抵触导致了不适应、不舒服的感觉，任其发展，就会变成焦虑甚至是恐慌。这些情绪非常明显地表现出来，以至于行为上也产生了反射，比如，人们会避开直面让人惶惶不安的场合，因为这样的场合让他们感到自卑和羞愧。

因此，为什么我们可以感受得到对陌生人的惧怕

---

1 Schneier F. R. et coll., «Social phobia：comorbidity and morbidity in an epidemiologic sample» , *Archives of General Psychiatry,* 1992, 49, pp. 282-288.

呢？操纵惧怕出现的机体受诸多因素的影响：遗传基因、生物进化、教育模式、文化压力或个人发展的原因等，各种原因都有可能引起社交焦虑症。然而它们之间的关系及各自的影响还未被清楚阐释，所以我们可以从各项正在进行的研究中深入了解更多的知识。针对社交焦虑症行为的研究解释了它的发生常常伴随着别人对自身的评价，也解释了当个人希望给别人留下好印象，却又难以企及时，这种症状便悄然来临的原因。[1]因此，社交焦虑症与陌生人的目光如影随形，最终会在人性、我们及同类的关系中找到一席之地。[2]

那么从此时起，我们能设想有朝一日看见社交焦虑症消失不见了吗？我们能想象终有一日他者的目光不再是评判我们自身的载体了吗？而这一切的实现需要人们在社交关系中变得更加诚实和坦率，以及更充分地表达自己。这或许是痴心妄想，但也是虔诚的愿望。我们在期待这一日到来的同时，也意识到社交焦虑症不仅让人产生不适，有时还会对某些人造成痛苦。它对社会的整体运行产生影响，也会成为各个领域里人际关系良性发展的束缚。

---

1 Schlenker B. R., Leary M. R., «Social anxiety and self-presentation: a conceptualization and model» , *Psychological Bulletin,* 1982, 92, p. 641–669.

2 Leitenberg H. ed., *Social and Evaluation Anxiety*, New York, Plenum Press, 1990, p. 1–8.

然而，我们总有解决办法应对。行为认知疗法拥有卓有成效的治疗方法，而且都进行了有效的临床试验。这些方法既起到预防的作用，同时又可以治疗与社交焦虑症有关的症状。针对丧失活动能力的人而言，使用各种药物的治疗也出现了效果。

写这本书的目的就在于此：我们不仅研究深陷社交恐惧症的人群，试图对他们恐惧的原因及其基本原理做出解释，同时也为每个人指明走出社交恐惧症理应遵循的步骤。也就是说，我们要帮助每一个人更好地生活，与陌生人在一起时更好地表达自己。

你会在这本书的附录部分发现一份问卷，帮助你更好地定义你可能会对陌生人产生的“惧怕”。

目 录

第一部分
我们的社交恐惧及其表现形式

第二部分
害怕：从正常到反常

第三部分
我们为什么会害怕他人

第四部分
怎样克服对他人的惧怕

第一部分

我们的社交恐惧及其表现形式

第一章

人和场景

Des situations et des hommes

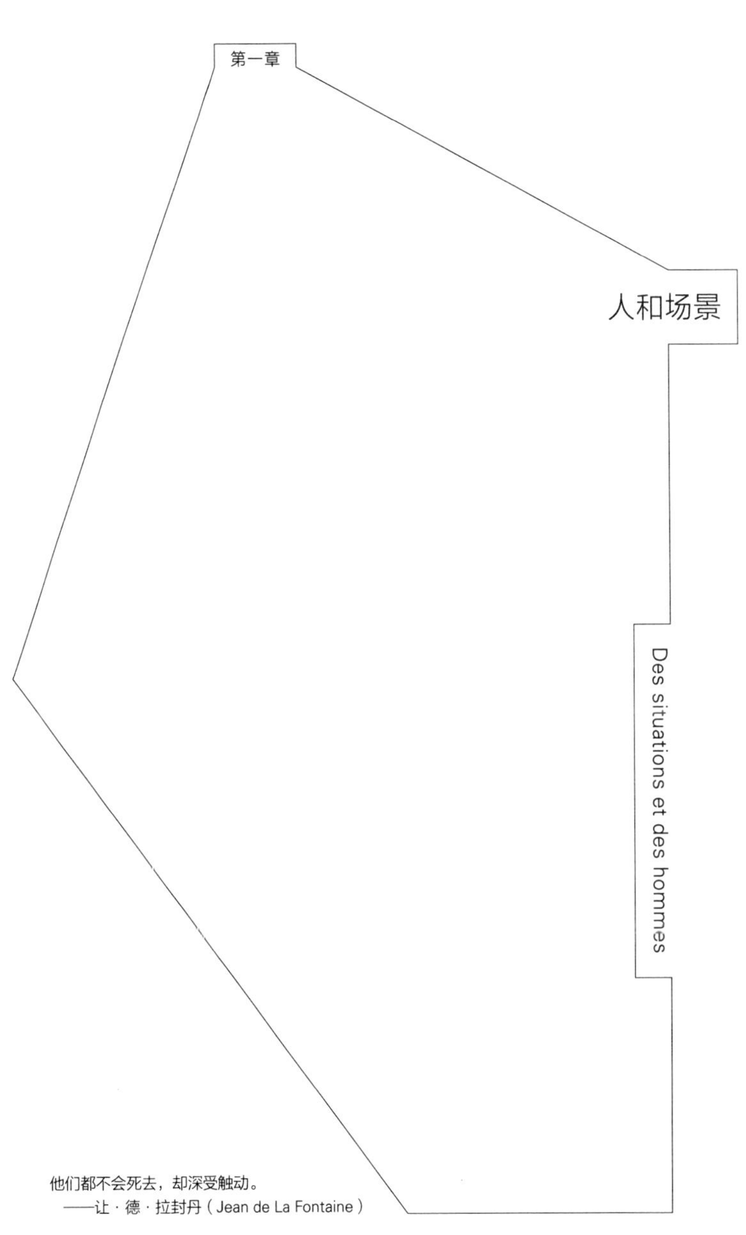

他们都不会死去，却深受触动。

——让·德·拉封丹（Jean de La Fontaine）

艾蒂安，56岁，大公司中层

我害怕成为陌生人注视的对象。对我来说，最难熬的场景莫过于我去某处迟到了，而所有人都已经坐下了，于是大家看着我走进来坐好。再比如，乘飞机的时候，一排排座位上晃着超过座位高度的十几个脑袋，这些人打量、端详、观察着我，而空姐或是机务人员在走道的尽头看着我走来，左边没有其他人只有我提着包横行于走道上。如果可以的话，我宁可做第一拨到电影院、剧院、单位会议室或是晚会地点的人……上大学时，我就不愿意坐在阶梯教室的第一排，因为我会觉得后面有几百双眼睛在盯着我看。

维吉妮，26岁，秘书

我真的不觉得自己腼腆。但有时，我会感觉特别不自在，譬如，每次不得不开口提钱的时候，我就会惴惴不安，浑身不适。头几天我就开始寻思这件事，而在开口的刹那，就觉得好像有东西卡在喉咙里，内心忐忑到极点。这就是我会紧张的场景。所以，很多时候，我情愿不闻不问：讨要别人欠我的钱或要求加工资，都是我做不来的事……开始的时候，我也很纳闷，甚至觉得这是我性格中的弱点，但我终于习惯了。我并不为此而自鸣得意，可我就是这样一个人，我感觉自己永远都不会变……

克洛迪娜，42岁，家庭主妇

我的孩子们渐渐长大了，我也有更充裕的时间来照顾自己了。我想演戏，想从政……可我又认为凭一己之力根本无法做到。长久以来，我都不能面对一群人说话。上学时，只要一到讲台上，我就哑口无言了。没有哪位老师能让我站在讲台上说出一个字。因为口语考试一塌糊涂，所以我的学习成绩总是不尽如人意。即使之前服用了镇静剂，我还是说不出话来。我迷恋政治，可开会时，身处军人之中的氛围让我根本不敢讲话。如果听众一再鼓励我发言，场面就会变得很凄惨：我会含糊其辞，前言不搭后语，嗓子冒烟。我会说了很久才坐下，然后再也不敢看对面的人群了，生怕看到他们眼里流露出的怜悯。

斯蒂凡，18岁，毕业班的高中生

和女生在一起可怕至极。直到近几年，我才有些改变。女生们常和男友或闺密待在一起。我以前总设法避开单独和女孩子待着的场景，然而从去年开始，这一招就不灵了。下课时，总有别的男生约女生去喝酒，这是我无法做到的。我看着这些男生，自信满满，对约到的女生大献殷勤……如果某个女生和我说话时只是聊上课的事，那我还是基本可以应对自如的。倘若她对别的事情，譬如电影、音乐等侃侃而谈，我便方寸大乱了。我感应得到她的“追求”，也本应有所回应，而我却觉得自己如同一个蠢蠢笨笨的小男生。我心心念念的就是不要让她看到我的笨拙，不要让她觉得我有问题，更不要让她认为我不是个真正的男人。

扰乱人心的社会场景

诸多社会场景会唤起我们自身尴尬、不适抑或难堪的感觉，似乎绝大多数人在面对某些具体的社会场景时，常常感到惧怕。

所以，在一项关于“法国人的惧怕”的调查中，约有51%的受访者都提及害怕在众目睽睽之下开口说话[1]，这可能就是人

1 «Sondage IFOP pour» . *Globe*, décembre 1993.

们普遍惧怕的三种事情之一（另两种是蛇与空虚）。大量的科学研究证明：害怕面对一群人发言是任何一个正常的成年人最常见的惧怕之一，也就是说这并不能成为他们特殊的心理障碍。然而很多社会场景都具有扰乱人心、使人焦虑的特点。就算这些场景不引人注目，而只是平淡无奇，也仍会让人浑身感觉不适，因为它们太过于枯燥乏味了。每天，相遇、活动及某些状况都会不可避免地降临到身处社会中的人类身上，在不同时间里遭遇不同人群，它们也难以让人泰然自若。这一切的发生常常没有明显缘由，威胁或是危险潜伏起来：我们的公司中层领导被飞机上的其他乘客上下打量之际，他会担心什么呢？或者我们的家庭主妇面对她从政的军人朋友们发言，又会怎样呢？在这些既荒唐无稽又不合情理的烦躁社交时段里，在曾被他们伤害过的人眼里，他们变得如此不堪忍受。“我总问自己为何我又经历了此情此景？而问过这个问题之后，我却从未寻觅到答案……”惧怕此种不适的多数人都会扪心自问。

古老的故事

《奥德赛》第七章讲述了尤利西斯在觐见阿尔喀诺俄斯国王前，心绪久久不能平复：“他在王宫的青铜门槛前停下脚步，心烦意乱！”我们全然体会得到他此番面见贵人前的心情：接见我们的可能是国王、总统、部长，也可能是总裁、经理、主管或副主任……总之，我们眼中的每个人都持有那么一点儿权力或威信！也就是说，感受到社交烦恼的不仅仅是那些腼腆和心思灵敏的人，即使身为英勇战士、开国先驱的尤利西斯也因此而饱受折磨！自荷马时代以来，讲述害怕或畏惧心理的文学人物比比皆是。

卢梭在《忏悔录》中描述了他如何害怕见到商人的心理："学习期间，我多次出门想去买点儿小点心，然而快到糕点店时，我瞅见柜台前的几名女子，似乎看见她们正在哈哈大笑，嘲笑嘴馋的我；行至水果店前，我贪婪地看着那些形状漂亮的梨，它们芳香四溢，让我垂涎欲滴，但站在旁边的两三个年轻人看着我，一个认识我的男子站在他的店铺前。我看见远处走来一位姑娘，这不就是家里的女佣吗？目光所及之处，幻觉横生。我把所有遇到的人都当成了熟人，因为某种障碍，我害怕所去之处，行为也很克制；越想买东西，却越感觉羞耻。最终我如傻子般回到家里，满心贪念，口袋里装了满足贪念的钱财，却不敢掏出半文。"

波德莱尔讲起一位关系亲密的朋友时如是说："我的一位朋友，只要直面他人的目光，就会害怕地垂下眼睑，所以他必须鼓起勇气才会去咖啡馆或戏院售票处，到了那里，他眼里的检票员们都成了米诺斯、艾亚哥斯及拉达曼坦斯（希腊神话里的冥界三巨头）的附身……"

慢慢地，医生们开始关注这个现象了。20世纪初，法国精神病专家皮埃尔·雅纳（Pierre Janet），自1909年起，成为第一个描述社交场合恐惧症的人，他说："其主要特征总能在这些可怕的场景中找到，场景不外乎面对他人、面对公众，以及在众目睽睽之下采取行动。同样，我们可以在相同的人群里发现频繁发生的婚礼恐惧症或对某些社交场合持有的恐惧症。比如老师、报告人、仆人或看门人等，他们都患有恐惧症。所有这些恐惧症皆取决于人们对他人和社交场合的感知及感觉。"[1]后来，弗洛伊德的成就远远超越了此人。

今天，医生和研究者们正尝试着解释清楚，人们（包括那些生性并非胆小之人）为什么会在某些社交场合里突然感觉尴尬和不适，甚至停滞不前。

有争议的场景

要体会社交焦虑症，就得出去见人！鲁滨孙·克鲁索身处荒岛，就从没体会到这种难受的情绪……起码在"星期五"出现以前他无法领略其中滋味。倘若我们有一个或几个对话者，那么就具备了酝酿焦虑的条件。其实焦虑时常存在于各种社交场

1 Janet P., *Les Névroses*, Paris, Flammarion, 1909, p. 137.

合里，只不过在某些社交场合会比在其他场合出现的频率高些。

因此，直面一群人的目光，尤其是邂逅陌生人或个性十足的人，从第一眼起，恐惧社交场合的原因就生成了。事实上，人们越是对引起社交焦虑症的环境进行精确分析，也就越能从中区分出其不同的等级。最近进行的一项研究以社交恐惧症患者——那些将社交焦虑症发挥到了极致的人——最害怕的场景为依据，将它们划分为四种主要类型。[1]下面的表格总结了这四大类场景最主要的特征。

引起社交焦虑症的四种主要场景类型

场景类型	示例	场景对当事人的要求	当事人的恐惧
在众目睽睽之下介绍或表演	当众讲述或朗读、圆桌会议或是会议中发言、口试、招聘面试……	出现或者出场，表现要到位	害怕丢饭碗、做得不好、影响自我形象
非正式讨论、泛泛之聊或深入讨论	和邻居、同事、商人闲聊，说说雨天、晴天；与陌生人会面；向某人表达自身的感受	聊有意思的事情	害怕自己表现平淡、聊天冷场、接不上话
让别人聆听自己的心声、把观点传达给别人	表达自己的意见、转达异议、申诉……	表现自信、树立威信	害怕失败或对方有挑衅举动
日常行为中接受他人的注视	行走、驾车、在旁人目光下工作……	感觉自在、表现自然	因害怕（颤抖、脸红，或表情怪异……）而流露出激动的情绪及内心的不安

1 Holt C. et coll., «Situational domains of social phobia» , *Journal of Anxiety Disorders*, 1992, 6, pp. 63–77.

焦虑的表现

召开工作会议时，我经常是第一个想到绝妙点子的人，可我不敢公之于众：大家一看我，或者一说什么，我就完全不知道该怎么办了。所以总是上演同样的剧情：我头脑中迸出一个主意，我告诉自己要发言，要把这个主意和盘托出。可就在这个时候，我的状态却陷入低谷：心跳加速，思维混乱不堪，所以，我习惯听别人提出他们的想法和随之而来的恭维话……

这些场景可能是我们中的大部分人最为惧怕的。它们具备以下特点：当事人当着一个人或是一群人的面，要传达消息或执行任务。这群人站在那里要么洗耳恭听，要么观察当事人的表现；当事人要面对那个或那群听众宣布消息，而听众则要从此人说的内容及其说话时的神态上来评估其表现的好坏：他开门见山；他不受情绪干扰，具有清晰表达的能力。场景中尤以当众发言为典型，如果发言要面对人群，且很正式的时候，就会让人产生压力。但真正的“公众”是不存在的，一定会有一个权威对话者对发言者做出评估和判断：这便是口语考试的情形，又或者是招聘面试的情形。

埃米尔曾遭遇过此类问题。他身为一名出色的物理研究者，却在找工作时屡战屡败：每次去应聘，他总是不知所措，于是给招聘者留下了不好的印象。这个面红耳赤、口齿不清的男人语言表达混乱不堪且喋喋不休，他如何能领导一个由专职研究人员及大学生组成的团队呢?

人们可根据说者与听者的互动将这些场合划分为两大类:当事人发言完毕或行动完成之后，面对一个或多个观察者的沉默，紧接着这个人（群）会提问、思考或点评吗？有些人特别害怕互动的场景（如招聘面试、辩论、圆桌会议等），因为他们害怕听到别人批评、挑衅或失去理智的言论；而另一些人则在没有互动的场合下表现得极不自在（做报告、授课、读课文、背书、参与口译等），因为他们很难独自一人面对沉默的人群，因为他不知道对话者的反应如何。

很多人都领教过惧怕当众发言的滋味：形形色色的书籍、秘笈、培训及研修班都拿出了行之有效的大招，目的就是让人们克服惧怕……而与此种惧怕相关的场合更是不在少数：职场发言（召开工作会议时提出建议、面向同事或客户陈述详情等）、身处不同身份的人群中发言（调解共同财产之争、在军人队伍中表达自己）、与朋友相处时发言（著名的演讲）、授课、论文答辩、众目睽睽之下陈述个人观点、非正式会议上的表达如围在公司或学院的自动咖啡机前闲聊……

在同事面前赢得话语权，并以此向他人传达自己的想法及信念，是权贵人士的特征之一。直至最近，辩论——这种说服别人的艺术，居然成了大学里教授的一门课程。让人讶异的是：在我们这个交流日益频繁的时代，这门说话及说服别人的艺术却只是针对那些用金钱来为自己在交流过程中提出见解的人……摆脱负面的、组团而来的拜访者或者观众，从而成为演员的难度被大学生埃里克完美地诠释了出来："当我在一群人面前发言时，如同坠入深渊，没有任何防范：所有人的目光都投向我，倘若我摔倒了，没有人会同情我，尤其那些高高在上的人更是无动于衷……"

学生们练习口语时会惧怕，要拿驾照的人在考试那天也会害怕。这些惧怕有数不胜数的引起焦虑的源头：有多少人考试挂科？并非能力不足，而是因为一上战场他们便手足无措，无法应对。

然而焦虑并不是只与学生有关。有多少老师畏惧不得不去给学生授课的场景？他们严厉的态度后面常常藏匿着不能"掌控课堂"的惧怕。我们曾经治疗过一个小学教员，他因为酗酒的问题前来咨询我们。几次咨询之后，我们终于知道他害怕面对郊区那些难以管理的班级，他还害怕不总是那么友善、亲切的学生家长，这一切成了他醉心于酒精的原因：每次小酌一杯，他就感觉稍微舒坦了点儿。要改掉他酗酒的毛病得先帮他治疗社交焦虑症。我们的另一位患者——安东尼，是一名中学老师，每次交换班级意见时，他都感觉生不如死：他并不害怕在两个班级的过道上和同事们交换一下学生们的情况，但要在威严的校领导及围在桌子周围的所有老师面前说出同样的话来，他就不知如何是好了。

社交焦虑症让人变得碌碌无为：有多少很少参与口语练习

的学生，在他们的余生里，一旦要面对各种事件的时候，就只满足于扮演消极的观众？对于社交焦虑者而言，追求权利的道路仿佛布满荆棘，他们必须要具备特殊才能方可战胜一切，爬到金字塔的塔尖。现代精神医学之父菲利普·皮内尔（Philippe Pinel）解开了锁在精神病患者身上的铁链，反对把他们禁闭在监狱里。但由于他本人也有恐惧，且口吃严重，他的职业险些被断送掉。[1]

我们特别研究了那些以在公众面前表演为职业的人群，我们在老师身上看到了社交焦虑症的存在，更别提演员和音乐家了，所以我们可以聊聊艺术表演带给艺人的焦虑症。

人人皆知莎拉·伯恩哈特（Sarah Bernhardt）的巧妙回答："惧怕与才能携手而来。"这样的说法也符合年轻演员的特点，他们都爱吹嘘自己从来不知惧怕为何物。很多演员在登台表演之前，都会感到难以抑制的恐惧来袭，却对此无可奈何。杰出的演奏家卡萨尔斯（Pablo Casals）宣称："在我的演奏生涯中，紧张和恐惧从未离我而去。"美国女歌手卡莉·西蒙（Carly Simon），曾一度中断她的演唱生涯，将近六年隐匿无声："在举办第一次演唱会时，我唱了两首歌后，仍旧感觉心悸。当时我真的以为自己会在众目睽睽之下崩溃……第二次演出时，我晕倒了，而一万名观众在现场等着我。观众群体越是庞大，我

1　Lelord F., «*Liberté pour les insensés*» . *Le roman de Philippe Pinel*, Paris, Odile Jacob, 2000.

就越不确信自己能坚持下去。”

体育竞赛中的焦虑症也并非不为人所知。1992年的巴塞罗那奥运会上，在赢得女子400米决赛冠军前，玛丽·乔西·佩雷克（Marie-Josée Perec）躲在更衣室里呕吐，每次重要比赛前她都会如此。和其他人一样，运动员也承受着社交焦虑症带来的痛苦。而且，还不仅仅是他们。一名足球国际裁判也承认道：“比赛开始之前，我有时……会饮下一小杯白兰地酒，还会用白兰地浸透两颗糖来咀嚼，这样做仅仅是因为我害怕运动员们，害怕自己没有紧紧跟住他们。”专家们把此类发生在运动员身上的障碍称之为“竞赛焦虑”，这也是他们认为最明确、最戏剧性的一种说法。有的人深受其害，且每次都要受其左右去进行由大众评估的表演，或是争取明白或含糊的成绩。客观而言，这种社交焦虑症不仅仅与指定场景里突兀的事物相关。为此，体育界已做出了榜样。奥运会百米决赛冲刺时，短跑选手一定畏惧体育场8万名观众以及成千上万电视观众的目光，这两种目光足以解释他所承受的压力。相对而言，当所在的网球俱乐部举行小型联赛的时候，观众们紧紧盯着星期日的网球选手，并评论他的“小胳膊”或是“笨重如铅的腿”，这些评价显然会更具主观性：因为选手既没有面对汹涌的人群，也没有资金赌注，即使输了，也不会对他的职业造成消极影响……然而，对输赢的惧怕还是会让他变得蠢笨无比。这也解释了为什么很多精神领袖能够成功，以及顾问们总是青睐高水平运动员。

与人交流、交往的场景

因在他人目光的注视下进行演出引起的焦虑症越是得到人们的理解，那么我们即将要提及的焦虑症就越发令人困惑。这里所说到的场景与互动有关。在这些场合里，对话、交流必不可少：没有成绩要争取，亦无演出要征服观众，人们在这样的场合里会自然地采取积极的态度来应对。此种情形的例子数不胜数，比如与陌生人对话（飞机上的邻座、人满为患的餐馆里和我们用同一张餐桌的顾客……）；被引荐给某人继而要有话可说（朋友家用餐时或执行接待任务时）；调情；和楼道里遇到的邻居以及小区里的商户聊聊有的没的；等等。某些情况下，则是些无聊的交流：和商户、邻居及陌生人交换一下乏善可陈的咨询；开始对话；或只是参与其中，但要回答、回应对话者的问题及评论。另一些场合里，人们会被对方引导，继而接触一些更为私密的信息；再次见到已经遇到过一次的人；谈论自身；等等。对话的内容甚至私密到要表达出自己感觉的地步，犹如在自己暗恋的人面前被人揭穿……有的人会在某种场合里深感不安，但换个场合却又表现得泰然自若。

雷米，46岁，商场经理，极其不适应与员工对话的场合。

一旦我问候了他们之后，就不知道还有什么好补充的：如果我们需要聊聊工作，这对我来说不会有任何问题；但如果不聊工作的话，我从不知道要把话题转向哪里，也不知道该聊些什么。我不喜欢聊诸如天气或是昨天晚上看的电视、电影等无聊的话题……我一点儿都不喜欢这样的时刻，而且我会尽量避免这些时刻的出现。我想我的员工们已经意识到这一点了，可我知道他们中的很多人都认为我在蔑视他们，其实并非如此。我要如何向他们解释呢？

计算机编程员伊迪丝，向我们清晰解释了她如何惧怕谈话长久继续下去。

开始的时候，没什么问题。我在走道上遇到同事，就会聊上几句，但紧接着我就会设法速战速决。不然，我就会思忖我们究竟要聊些什么，我会感到非常窘迫……我和旁人在一起的时间从不会超过一两分钟……别人眼里的我总是火急火燎，忙忙碌碌。我宁可他们这样看我！

玛丽·奥迪尔身为经理助理，她最害怕的场合是：接待老板的访客。她在大企业里工作，公司的大楼正对着塞纳河。当访客们出现在巨大的玻璃钢筋混合的建筑物的大厅里时，她必须出去寻找他们，并将其带至迷宫一般的走道和电梯里。那么和他们说些什么呢？又如何制造话题呢？

> 无话可说对我而言尴尬百倍，他们可能不会觉得有什么。但是我会焦虑于要和他们说些什么。我不认识他们，却要和他们待上几分钟，一小时后又把他们往回带……我害怕这些时刻。

显然，交流障碍及不适还会被继续放大，尤其是既要维系交流，又要面对一个我们要表白的人的时候。司汤达在其私人日记里写道："当我去看望一位深爱的女士时，未曾料到结果是和她在一起的头一刻钟里，我只会抽搐，而且突然感觉全身无力……"

帕特里斯则告诉我们他有多害怕和小商贩们打交道。

> 但凡条件允许，我宁可去大超市购物。我相信普遍意义上的大型超市满足了人们所有自助服务的需求，而正是因为有了像我一样的消费者，才使得它们盆满钵满。倘若和商贩们聊天，我会完全不知所措：窘急、恼火、前所未有的紧张……的确，这样的场合让我极不适应：人们对这些无聊的交流、打了腹稿的话语习以为常，还有那些对方还没开口你就知道怎么回应的对话……我明白其实不必太在意，这不过是社交礼仪而已，可是，我的确为此而负重不堪。最糟糕的情形是去理发的时候：我穿着一件奇怪的尼龙罩衣，头向后倾斜，还得忍受着各种问题和谈话，与

那些洗耳恭听准备要做头发的客人们待在一起……要是有为聋哑人准备的包房就好了，我一定会光顾的！

可能突然出现于双方互动中的焦虑被人们理解成了胆怯。其实让人畏惧的不是陌生人，而是最后必须要亲力亲为处理的一切人际关系。这些关系要么只是泛泛之交（聊聊天气，但不再是和商贩聊的套路），要么更为亲密（表达自己的感觉或是毫无保留地将个性向对方展露无遗）。正因如此，有的人恰恰和陌生人待在一起时感觉会更加自在；而对于某些人而言，最微妙的第一次相遇并不会成为难题，反而是再次相遇出了问题。

这是卡特琳娜遭遇的情形：

再次相逢见过的人，我的问题就出来了。我能做到制服所有的第一次相逢，大家都觉得我很自然，而且我也认为自己处于接近自然的状态。第一次相逢时，我感觉不到人们在评价我，这还为时尚早……然而问题接着就来了。当我再次与他们相逢时，我能感觉此时人们期待从我身上看到些什么，倘若他们什么也看不到，便会朝我投来审视的目光。我知道，或者说我觉得，无论如何，多见一次面，我让他们失望的风险也会越大。可怕的是，这种感觉在面包店老板身上以及我的感情关系里得到了应验。我情愿走

> 几公里路，只是不想频繁地光顾同一家面包店：我不愿做一个“好客人”，因为老板一看到我这个好客人，就一定得和我聊聊天。和男人在一起时，我也觉得尴尬：我们的关系越往前一步，我就越担心自己不再能引起别人的兴趣。似乎，在他人眼里，我能让人产生兴趣的东西少得可怜，而且这些屈指可数的让人眼前一亮的优点瞬间也会消失殆尽……

显然，问题就出在那点儿有限的双方均能容忍的亲密上。这种亲密可能持续的时间在多数情况下与焦虑表现出来的问题碰撞到了一起。可是，在这里所提到的、人们所以为的焦虑表现并没有被明确定义出来，或许就像要考试的时候所表现出来的焦虑吧。在这些场合里所遭遇的障碍是双重的：什么程度的亲密是让人认可的？尤其要冒着向对话者泄露出亲密行为的风险。这里所说的障碍，其实是害怕自己面对他人的目光时被“洞穿”的感觉。有时，我们都会害怕与我们交流的人不能读懂我们自身，其实我们就是一本敞开着的书。要是他们能够从中读懂我们内心的情感、思想和意愿就好了！比如，我们害怕接触某个吸引我们的人，可又想要去取悦他。但实际上，我们也只能单纯地问问他时间而已。于是这种状况就有点儿类似于偷窃了糖或玩具的孩子或青少年所遭遇的情形：从偷窃发生的那一刻起，即当他们把赃物装在口袋里时，他们就会觉得所有集中在他们身上的目光都带着责备的意味，或是这些目光已经读到了他们内心的慌乱和他们犯下的错误。此时，他们表现出了被人揭穿及让人失望的惧怕，但同时也暴露了他们隐藏至深的本性及他们自身的价值观。

根据情形而言，这类惧怕离不开三个主题：害怕暴露自身的缺失、害怕走漏想要犯罪的秘密、害怕泄露社交过程中的异常行为。社交焦虑症患者最为典型的表现是他们害怕意识到自身的缺失：缺乏智力、没有文化、没有可以拿出来说的有意思的事情、不松弛也不自然。我们的某些秘密有时也会让我们陷入极不自在的状态中。我们的一位年轻患者，因其自身不谙世事而不知所措，他认为他的这个缺点在和女人发生关系时是能被对方看出来的。正因如此，他便避开和女人接触的一切机会，然而这并不利于解决他自身存在的问题！倘若在和别人相处时，他再对暴露自己异常行为的惧怕贴上自己的标签，那么惧怕就再也无法与他自身的不适分离开来。而这种不适会被与他交流的人注意到并将其划分至异常行为的行列里。

聊及此种状况时，吕克说：

> 让我窒息的是，我从来不能预测我和别人说话时的自在程度。要是我稍微感觉到有些不自在，或是表现出烦躁的情绪，那么我相信和我说话的那个人立即就会注意到我的状况，于是谈话就结束了。我头脑中一片空白，并匆忙逃离现场，因为我知道自己只会越来越不自然……

需要表达自己的场合

表达自己是指在直面他人时，能够捍卫自己的权利，并表达自己的想法、需要及观点。[1]然而表达自己也存在着障碍，这些障碍常常与社交焦虑症的种种症状紧密联系在一起。譬如，在以下的场合里：拒绝对方的东西、要求别人尽义务或提供服务、表达不同意见、对不予理睬的一群人却要提出自己的观点、回应批评或责备、投诉商家等等。再比如，很多来咨询我们的患者一来就向我们解释道，他们不懂得说“不”。对让他们去做不合适的事情，且又毫不知趣的朋友说“不”；对向他们借钱的同事说“不”，即使他们明白这借出去的钱根本就是肉包子打狗有去无回；对让他们烦恼的邀请或是加班说“不”……

对于很多人来说，“要求别人”这一行为会让他们变得焦虑：比如讨回借出去的钱，或是要回别人不还给我们的书。

> 当我不得不借东西给别人，而他们也没想着要把东西还给我的时候，我知道自己从不敢向对方要回东西。因为如果我去要了，我会觉得自己变成了一个唯利是图的吝啬鬼，总想着钱和东西。到了最后，情况完全反转：明明错在对方，因为他没有还我钱或书，可我却心怀内疚……

---

1 Boisvert J.-M., Beaudry M., *S'affirmer et communiquer*, Montréal, Éditions de l'Homme, 1979.

我们的一名患者是做管道工的，曾经经历了几近破产的惨境，因为他既不敢向客户们讨要欠款，又不敢强求那些赖账的人付钱。还有一名患者，他是作为政治难民逃到法国避难的，临时做起了旧货生意，可生意做得很差劲：一旦客人们在他出了价格大喊打劫的时候，他就变得狼狈至极，于是他只有降价，降到几乎没有盈利的地步。一名生于20世纪初的患者说了以下这番话："我对要求别人的行为感到害怕、恐怖和沮丧：人们得照顾我。"[1]我们的一名女患者，虽然身为社会助工，却极不适应去服装店买衣服，她担心找不到任何一件适合她穿的衣服，然后不得不在老板不高兴的目光下离开，手中空空如也。所以她有时会花钱买点儿她可能永远也不会穿的衣服，只为了避免这种尴尬局面的出现。就这个角度而言，大商场和其他自助商店方便了诸多社交焦虑症患者的生活（只是表面上看而已，我们稍后会提到），使他们避开了和店铺老板的对话（对话于他们而言是威胁，是强迫），自助商店仿佛就像邮售一样方便。

情非得已宣布讨厌的消息意味着这一系列场合的变异，这也是很有意思的。即使想知道消息的人没有清楚地意识到这种情非得已其实也会引起恐慌。

我们的一名患者这样讲述其老板的态度：

---

1 Hartenberg P., *Les Timides et la Timidité*, Paris, Alcan, 1910.

我很清楚，试用期结束后，老板就不愿意要我了。他躲着我，和我待在一起时极不耐烦，对着我大吼大叫。他站在我面前，对我说道：“瞧，因为这样或那样的理由，你没有做成什么事情。我们很抱歉，可是这样不行，我们不能留用你。”我早该明白这些事理。我不会冲上去掐住他的脖子，但我明白了……就是这样的，他的态度变得很奇怪，然后不再和我打招呼了，远远地避开我也不做解释，这让所有人都很难受：对我、对同事们来说都不舒服，甚至对他来说，看得出来他并不为此好受一些。他不得不告诉我这个坏消息，他浑身上下透着不自然。

这里所言的机制与害怕别人的反应有关：要说什么或者成为那个听着别人说不的人，抑或是提出抗议，要求别人做为难的事情？当对话者准备反驳或批评时，人们会作何反应呢？害怕惹恼别人、生气、让人痛苦或者刺激他人，所有这些恐惧袭来时，常常迫使我们放弃本该严格执行的措施，而这些措施本是我们的权利，有时也是我们应尽的义务：医生常常被迫向病人宣布沉重的诊断结果，难道他们不知道这一步是何其为难，甚至会引起病人恐慌……[1]

1 André C., Lelord F., Légeron P., «Chers patients» . *Petit traité de communication à l’usage des médecins*, Paris, Éditions du Quotidien du Médecin, 1997.

他者的目光

有时一个简单的眼神也会让人不安。这里并非专指人们惯常以为的那些极其胆小的人，而是指人们不得不完成一个平常的行为，却得在他人目光的注视下完成它。其实观看的人并未摆出审视的样子或是职业考官的姿态，如果让当事人觉得他们就是如此，也只是无心而已。所以在这种情形下，当事人不需要去争取有个好成绩，也不用担心影响他与别人的关系，甚至对方都不会具体地去点评什么。这样的例子不胜枚举：在他人的注视下行走（经过人满为患的露天咖啡厅前；报告厅后排的座位被人占了，只好坐到第一排）、吃饭、喝水；一个或几个人看着你开车；在两车的空当中停车；坐在电脑前工作……一名就职于市政府的女性向我们讲述了这个问题是如何干扰她工作的：

> 如果有人看着我，我就会什么都写不出来……我在前台工作，有时要给别人填写表格，我总能找到借口，拿着纸躲到工作室的尽头，然后一个人填写。当上司给我下达指令，而我又没有记笔记的时候，他一脸讶异，我便对他解释说我记性很好。独自一人时，我没有任何书写问题，但只要和别人在一起，我拿铅笔的手指就会抽搐，手会哆嗦，整个身体都在出汗，以至于我什么也做不了。

再来说说拿破仑三世吧，他曾经也是此类情形的受害者：“有人……和我聊过他踟蹰不前的时刻。每个星期天，他必须到杜伊勒里宫的小教堂去做弥撒。他清楚别人会看着自己，并告诉自己片刻之后他就会成为所有人目光的焦点。于是，他重新站起身来，在进入小教堂之前，他一直在研究自己。他向前迈了一步，又后退一步，然后突然决定走进小教堂，坐到自己的位置上去。他可是皇帝，却居然在众目睽睽之下怯场。”[1]

连动物也会表现出被对方观察时的不适来。就哺乳动物而言，死死盯住对方是确立自己主导地位的方式。强势动物使弱势动物眼睑低垂；倘若后者因为无意或是因为搏斗的冲动而拒绝低头，那么争斗或战争就会爆发，暴力也会不断升级。在酒馆或夜总会的斗殴中，我们也会见到同样的模式。而争斗的原因常常为了诸如“你想要我的照片吗？”或是“我亲爱的她怎么了？”这类话语。观察他人，在某些情形下意味着冒犯、挑衅、欺侮对方的胆怯，或是挑拨。这个行为也可能暗示着自身的极度胆怯：这也解释了我们在挤满了人的电梯里或者是在高峰时段的公共交通工具上所观察到的现象。当人们目光相撞时，便自然回避：只因身体已表现出了害怕的信号，甚至到了无以复加的地步。

我们中的每个个体在这些时候能够感受到的不适可以被看

---

1 Claretie J., *Le Journal*, 5 juillet 1899, cité in Hartenberg, *op. cit.*, p. 156.

作人类的一大特点。这种状况只会发生在人们心生强烈畏惧，继而想方设法避开的时候。由此，问题也来了。这也解释了我们的一位历史系大学生患者害怕走进学院阶梯教室的原因，假如他人没有出现在开门的时刻，他应该也会是第一拨到达大学图书馆的人。一旦坐下，他便不会起身去寻找书本；他肯定是最后一个离开图书馆的，而且会故意不制造上卫生间的机会。另一名任职于部级单位的女患者向我们讲述了她何其害怕成为一群人目光的焦点。召开工作会议时，她总是避开发言的机会，而且也会避免坐在她知晓即将要发言的人身边：

> 我不喜欢坐在一群人中要发言的人身边。因为所有人都会往我这边投来目光；我不知道他们是否也会看我，我不知道该看向何方，该做什么样的姿势，该用什么样的表情。人们必然会看出我的各种窘迫。我告诉自己“这样真是好极了”……我就是用这种方式来避免尴尬的。我不喜欢这样，可我总是很倒霉：要么站在和超市收银员大吵大闹的人身边，要么在电影院前排队，要么去客人家里把人家的东西打碎了，或是在一家规模不小的店里不小心拉动了防盗报警器……

有时，别人的目光无济于事，只要用用耳朵就好了：某些业余音乐家演奏乐器的时候是不需要别人去聆听的。他们只有在门窗紧闭的时候演奏乐器才会感觉身心愉悦，因为他们知道没有谁能仔细听出他们演奏的错误音符……一般来说，害怕此类场合的人总是竭尽所能地做到准时去看电影、听歌剧、上飞机、看晚会、赴饭局、赶聚会或是去上课……

我们社交恐惧的等级

我们至少对10%的测试人群进行了评估，有人从未在我们所描述到的任何一种情形里体会过社交焦虑症。[1]也就是说因社交关系而引起焦虑的场合，其程度可能是不同的。每个人都会对这些等级中的某个场合表现得尤为敏感：被人看着在两车空当中停车，某些人会感觉不适；但相反，这些人也可能会在到达饭店的时候为了赶时间而要求饭店人员提供泊车服务。还有些人害怕当众发言，却无惧私密交流。此类例子不胜枚举。

这些场合，按照发生的频繁程度，可以用金字塔的形式罗列出来。金字塔的下方，是可能在大多数人当中引起惧怕的场景，第一组人群被安放在此处。每在已有的金字塔塔层上增加一“层”，就意味着下面的塔层场景一样会引起焦虑。因此，害怕被人揭穿也几乎暗示着此人害怕在众目睽睽之下表现自己

1 Zimbardo P., *op. cit.*

(之前的塔层)，但他未必害怕表达自己或是被人观察。但是，假如他害怕被人观察，那么，一般来说，我们总能发现他也害怕别的场景。

社交恐惧程度的等级金字塔

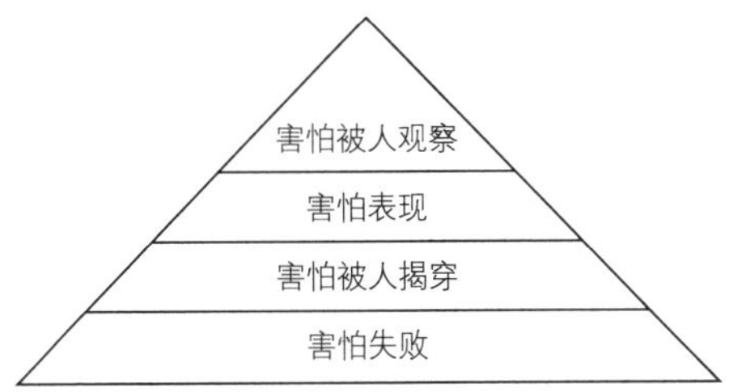

稍后，我们将会看到有些人几乎对所有的场合都表现出了惧怕。娜塔莉就是这样的。

> 我什么都怕。以前我害怕来咨询你们，害怕预约，害怕你们秘书的目光，还害怕留在候诊室里其他人的目光。我还怕被街上的人看到我从这里出去，害怕再去面包店去买面包，害怕在楼梯上碰到邻居。在家里，如果有来电，而我又不知道是谁打来的，我会害怕接电话……在单位，我害怕在工作会议中发言，甚至连出席一下会议我都感到畏惧，我害怕被人提问。生活中，我害怕遇到自己喜欢的人，因为我怕自己不讨他们喜欢……

我们注意到这些不同的机制共存于很多常见的场合里，它们多多少少符合我们刚刚描述过的四种类型。比如说，我们最近在电视上看到一位作家朋友多次去参加一个粉丝很多的电视节目，介绍他刚刚出版的书；而这个节目的主持人则是出了名的胡搅蛮缠。这对于我们的朋友而言是一次考验，因为他要分别经历我们列举过的四种焦虑：害怕当众表现、害怕主持人提出太过隐私的问题而暴露自己、肯定自己（必要时，要将对方打回原形而又不表现出敌意来）、害怕被人观察（无法得知镜头会在何时悄悄将他玩笔的手或是惊恐不安的表情放大……）。

共同机制

所有这些场合说到底都有相似点：它们是被置于他人的目光或是评价下的。对于众多研究者来说，社交焦虑症类似于评估焦虑症。所有我们被人评估的场景都能让我们产生不安，有时甚至会引发忧郁。这就是每逢考试必会惊慌的大学生的情形，他们甚至连对笔试也很担忧。单纯意义上来讲，此处的评估焦虑症大于社交焦虑症。同样地，一个大学生或许也会在参加口试的时候惶惶不安：这是因为他既有评估焦虑症，又有社交焦虑症，而后者则是因他人的目光而产生的。

倘若我们被强行拽入让我们浑身不适的场景里，我们的身体会发生些什么变化呢？我们将会看见自己的惧怕，无论这些惧怕是什么，无非也就三种表现形式：情感、行为，以及认知。

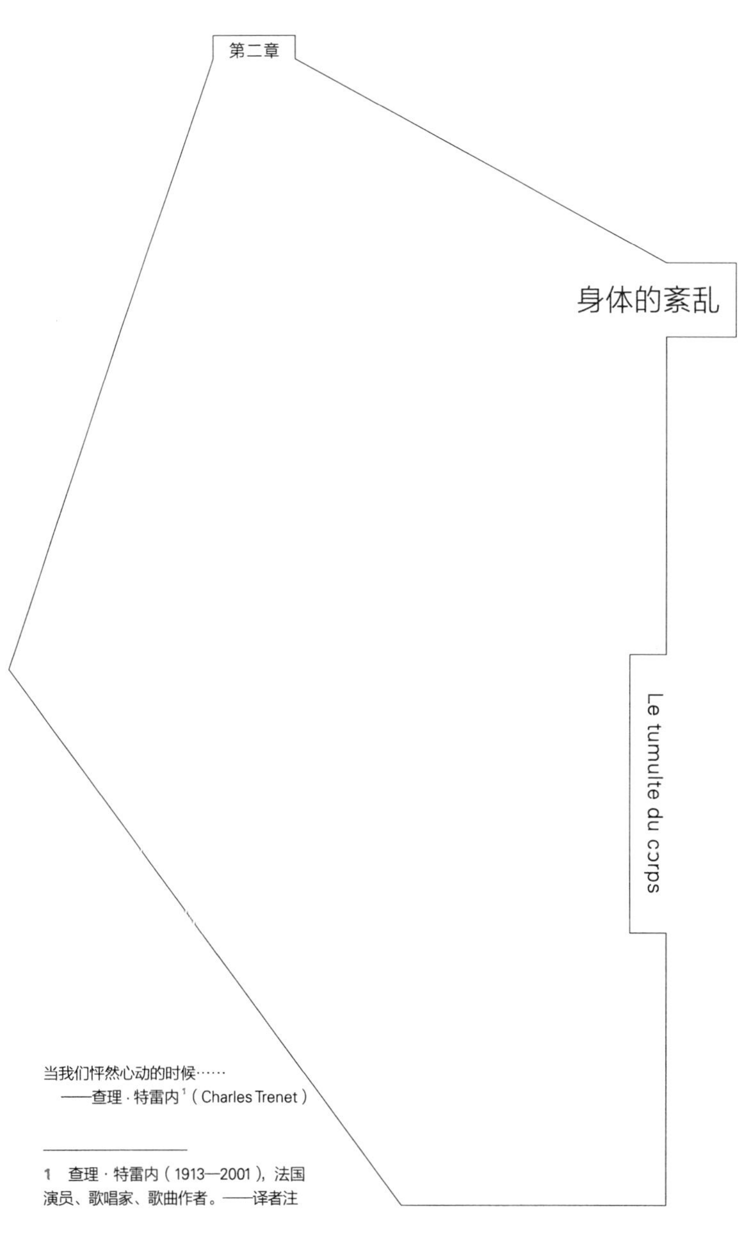

第二章

身体的紊乱

Le tumulte du corps

当我们怦然心动的时候……

——查理 · 特雷内[1]（Charles Trenet）

1　查理 · 特雷内（1913—2001），法国演员、歌唱家、歌曲作者。——译者注

这已经超出了我的掌控范围，老实说，身体恐慌的感觉根本无法控制：我的身体出卖了我，它撑不下去了，它不能让我扛下去，不能助我一臂之力去面对难堪的场景。我记得最先背叛的器官就是我的心脏，它开始跳得越来越快：它发出了警报，这是危险的信号。从此时起，我便意识到我的身体开始渐渐虚弱：口干舌燥、双手出汗，好像要浑身颤抖……我知道只要有人朝我看来，我立刻就会变得面红耳赤。简言之，在此类情形下，我会变得黔驴技穷，甚至于发言之前就已经无计可施。所以，我没办法表达我的观点，别人也不会同意我说的话，而我是不会让自己挑起激烈辩论的话题的。可接下来，说一些大家都同意的事情，这有什么用呢？于是我像往常一样沉默，祈求别人不要注意到我的尴尬，也不要将我的沉默视为冷漠……

与焦虑有关的词语

饱受社交焦虑症折磨的人，当其直面能引起应激的场合时，所洞悉到的第一个后果，就是我们病例中那名年轻女子所描述的身体紊乱。我们就害怕、胆怯等问题询问了很多人，他们中的绝大多数本能地将身体紊乱的现象置于首位；当他们描述社交焦虑症所带来的烦恼时，更注意强调焦虑的表现。[1]事实上，焦虑在很大程度上是可以从当事人的形体、生理表现被识别出来的。何况，从词源学上来说，所有与害怕相关的词语都提及身体：焦虑（angoisse）源于拉丁文紧张（angere），人们由此会想到胸口被挤压、胃抽紧以及喉咙被掐住的感觉。害怕（crainte）是由另一个拉丁词语颤抖（tremere）派生而来的，然后高卢人将其变成拉丁语cremere，这很可能是因为遇到了另一个含有词根crit的高卢语单词（人们在爱尔兰语中找到了crith，意为战栗）；惧怕（peur）源于拉丁语恐惧、惊骇（pavor，指人们平常会联想到的身体十分虚弱以及晕厥的感觉）；恐惧（frayeur）来自响亮的声音，即嘈杂（fragor）；人们倾向于这样分析惊慌（panique）：它起源不详，但毫无疑问，它由希腊词panikos派生而来（与潘神有关，因为死人的幽灵让人胆颤，所以潘神的某一种能力便是让对手们看到幽灵并因恐慌而发出

1 Cheek J. M., Watson A. K., «The definition of shyness» , *Journal of Social Behavior and Personality*, 1989, 4, pp. 85–95.

可怕的吵闹声）；害怕（trouille）在法语中意味着腹泻，或是响亮的屁；害怕（pétoche）是从拉丁语放屁（pedere）派生而来，这也是因焦虑而引起的消化问题；情感（émotion）源于拉丁语动作（motio），麻烦，战栗（émoi），尽管书写形式各异——其词根的写法与单词本身相差甚远，可能由后期拉丁语中的exmagare派生而来，该词意为剥夺某人的力量——但从这个小小的词源学瞭望塔里，我们看到社交焦虑症是如何通过体态特征来表现焦虑症患者的困扰的。

普莱维尔式[1]的清单

人们能体会到的受焦虑症影响的身体症状比比皆是。研究者们罗列了一张严重社交焦虑症患者身体表现频率最高的清单(你也在自己身上找找吧)[2]：心悸、哆嗦、出汗、肌肉收缩、胃痉挛、口干舌燥、忽冷忽热、脸红、头痛、脑缺氧、昏迷。除了以上表现之外，还存在着其他症状。

因此，一些社交焦虑症患者认为他们的问题是生理问题，这不足为奇。他们咨询过医生、验过血、做过心电图、照过不

1　雅克·普莱维尔（Jacques Prévert，1900—1977），法国诗人、歌唱家、电影编剧。——译者注

2　Amies P. L. et coll., «Social phobia: a comparative clinical study» , *British Journal of Psychiatry*, 1983, 142, pp. 174-179.

同名目的X光片、吃过药，然而病情并不见好转。有时生理表现是不按常理出牌的（比如想上卫生间或是想吐）。某位50岁男子的情形就是这样的：

> 我总是会被别人吓到，还好我的工作避免了和别人有过多接触。所以，当别人告诉我要派我去做例会的服务工作时，我知道自己会很痛苦。是的，从做服务工作的第一天起，我就经常想出去小便，或是时不时地逃离会场一下，我十分害怕待在会场里……我甚至以为自己的前列腺出了问题，毕竟也到了这把年纪了。其实这完全因紧张而引起……

以上社交焦虑症生理表现的频繁程度因人和因环境而异。我们大多数人是看不出来的，所有人能体会到社交焦虑症。比如我们当众发言的时候，身体总会表现出刚才提到过的一个或几个症状。有时，人们甚至没有意识到这些症状，反而是身边的人注意到了当事人的紧张，然后示意他……在其他场合下，这些生理表现会发生得更加频繁，置人于尴尬之地，甚至会出现名副其实的爆发高潮。我们在很多极端案例里看到焦虑症表现出了我们称之为恐慌发作的形式：当事人感到已经完全失控，他也许会害怕死去或者变成疯子。

我们来听一听苏菲的故事，她讲述了这种形式的恐慌，在某次职业培训讨论会上，它不期而至。

> 轮到我站在讲坛上对着麦克风发言的时候，我突然手足无措，整个人都崩溃了，我一个字都说不出来，一副被吓坏的样子。我根本不知道发生了什么，脑子完全不能反应，也不能按常理来表现。此外，我再也想不起来究竟发生了什么事，只是记得与会者很友好，对我表示了理解。

我们在多种恐惧症中发现了所谓的与场合相关的恐慌发作（与一个确切的场合相关）：比如，广场恐惧症患者（对公共场合、离家很远的地方的惧怕，而我们又不能从中轻易逃离）会在超市、人满为患的电影院、交通拥挤的环城路上等地方感到恐慌；而社交恐惧症患者更害怕面对一群人或一个重要的人物说话。在某些情况下，两者之间的区别并不十分明显，广场恐惧症患者所害怕的地点通常也是可以遇到很多人的场所，而且，某些广场恐惧症是与社交恐惧症相关的。可这是另外一件事了……

感觉到恐惧的人和感觉不到恐惧的人

事实上，就周围的人能否观察、洞悉到这些表现来区分，它们可能会有两种表现形态。

一些表现具有内在的特点，比如心悸或胃痉挛，都具有内在不适的特征，它们会更为频繁地发作，并造成人际关系的改变，喉咙打结、颤抖、出冷汗对于促进我们与他人的交流无济于事。

然而，最可怕的症状当属那些和旁人对话时发出的信号，它们让我们违心地泄露了自身的不适状态，脸红、颤抖均在此列。

让·查理已失业一年了，他尤其被社交焦虑症的生理表现所困扰。

> 特别是我的声音，会失控。我正常说完头两句话，紧接着声音就开始颤抖，颤音出现了，音量开始减小，就像电晶体的电池正在排空一样；更为可怕的是，片刻之后，人们就注意到了我的问题，要求我重复所说的话，而这对我来说，越来越艰难。我开始哆嗦，我试着隐藏我的双手，如果要上交材料或者签字的话，别人必定能看出我的难堪……

我们的一位患者——雅克，建筑粉刷匠，经常会接一些私人家庭粉刷的活儿。他喜欢这种类型的工地，但害怕和客户有所交流。比如，他从不接受饮酒或喝咖啡的邀请，因为有好几次，他的状况变得颇为棘手，他浑身颤抖以至于茶杯里的茶匙也跟着叮当作响。他也说自己总是拒绝在酒杯里放入冰块，就是因为这也会发出声音。

他们两人都表现出了内在的特点，可是这些表现也许会在某些环境下变成外在的行为。一项就社交焦虑症所做的有趣研究提及不同乐器的演奏者如何畏惧某些让人出丑的表现：管乐器（小号、双簧管）的演奏者特别害怕因为怯场而致使口舌干燥，就他们的情况而言这是很难堪的；钢琴演奏者则害怕哆嗦；而小提琴及其他弦乐器演奏者会害怕双手冒汗；等等。[1]此外，一名才华横溢而又爱好音乐的女大学生，则烦恼于某些社交场合下自己身体发出的声响。

> 我最害怕的事，就是去听音乐会。我会不停地流出口水，很快，我又会不由自主地咽下口水，我的邻座都听到动静了。口水止不住地流下，让我急得像热锅上的蚂蚁……最终我不再涉足那些要求人们安静的场合，比如表演大厅或是教堂。

另一名患者则是用他的肚子来表现社交焦虑症的。但凡他在应酬中感到不适，他最害怕的咕咕声就会如约而至。

双手被汗水浸湿或许也是一种症状，它由内向外产生，让人备感为难。尤其是在法国，无论哪种场合下，人们都习

---

1 Brantigan C. O. et coll., «Effects of beta-blockade and beta-stimulation on stage fright» , *American Journal of Medicine*,1982, 72, pp. 88-94.

以为常地相互握手。但当有英国文化背景的人看到我们整天地只要遇到人就热情地握手时，会尤为讶异。我们还记得某位女患者，她特别害怕不得不握手的时刻，她的易激动性导致她患有医生所说的多汗症（过度的汗分泌）。她想方设法地避免着握手的场合：戴手套、腋下夹文件，如此一来就只需弯弯肘，或是干脆冒着被认为不敬的风险，远远地向对方打个招呼。

另一名患者也有相同的症状，某天他注意到自己用投影仪的透明胶片展示材料时，湿润的双手会留下光环，从那时起，他就不常使用这种东西了，或是命令秘书来负责展示事宜；而秘书本应是站在他的身旁来进行口头阐述的。于是这样做的后果就是：他的生活变得复杂了，公司上下谣言四起……

身体的背叛

身体突然出现的这些表现为当事人带来了诸多问题。

事实证明，一旦它们发作，就难以停止，而且在不同机制的作用下，越努力想调整就越会使事态变得严重。身体表现被人聚焦、放大，不适的感受仍会加剧社交焦虑症，等等。

被他人赤裸裸地洞悉从来都不会让人感觉舒服，轻易被人看出我们情绪的状态会使我们变得愈加脆弱。旁人投向我们的目光表明：他们看穿了我们，他们在试探、评估我们，我们也许会感受得到或者察觉不到，但我们无法隐藏内心。所以，被人或多或少地紧盯着所引起的不适感是很普遍的。尽管这种不适感从某种程度上来说是本能的、动物性的，但它似乎仍会频繁出现在某些文化氛围中，比如我们可以在日本人身上看到这种由社交焦虑症所引起的不适感。毫无疑问，这种不适直接反射出人们对别人读懂其内心的恐惧，或者说得更准确些，是这种不适反映出别人读懂了当事人的感觉和情绪。当事人尤为害怕他的内心被人看穿，在被人看穿的那一刻或者在他还未理清思维的时候，他希望控制住自己的情绪……

克洛德·罗伊（Claude Roy）在为孩子们写的《受难驴子之羞》（*Timiderie de l'âne en peine*）一诗中，用孩子的语言描述了被人观察的困扰：

我不喜欢人们看着我，
我觉得不舒服。
人们看着我，我的脸红了；
我说话语无伦次，不知所措。

我热，我怕，忽冷又忽热，
面红耳赤后我又脸色煞白。
他们盛气凌人地看着我，

他们看着我，我面若死灰。

我想故作轻松，
我是人们拽着的那条悲伤的狗。
我想毫不在意，
可我觉得自己是头可怜的受难驴。

我们从一个人对别人投来目光的惧怕程度，可以测定出他患社交焦虑症的严重程度。这种惧怕也可能转化成强迫症，它本身就足以引发焦虑，而且会呈现可怕的螺旋形趋势。这就是行为学家们所说的负面反射：既定环境（社交场合）是与所谓反感的不适感（焦虑的身体表现）联系在一起的，所以人们就会因此而规避这种环境。田纳西·威廉斯（Tennessee Williams）[1]在其《回忆录》（*Mé moires*）中描写过此类现象：

我清楚地记得那段时日里，我动不动就为无关紧要的小事脸红。好像在一堂几何课上就发生过，当时我朝过道的另一边望去，一个褐色头发的靓丽女孩子正定定地看着我。与此同时，我觉察到自己脸红了。再看她第二眼的时

1 托马斯·拉尼尔·威廉斯三世（Thomas Lanier Williams III），美国剧作家，以笔名田纳西·威廉斯闻名于世。他是20世纪最重要的剧作家之一，于1948年和1955年分别以《欲望号街车》（*A Streetcar Named Desire*）和《热铁皮屋顶上的猫》（*Cat on A Hot Tim Roof*）赢得普利策戏剧奖。——译者注

> 候，我的脸愈发涨红了。我的天，我在想，要是每一次我都撞上别人的眼神，那该怎么办？很快，噩梦成真。从那时起，在往后的许多年里，只要与别人四目交汇，我都会毫无例外地脸红。

人们有时也把此类现象描述成“害怕之害怕”，即畏惧看见焦虑症的这些症状再次发生，仅此而已。

你脸红了

如果我们更投入地关注焦虑症的生理表现，也许既能发现各种焦虑症的共同特点，又能找到社交焦虑症具有代表性的症状，尤以脸红为例。何况，这已成为很多人的主要问题了。人们对此的忧虑已达到一定程度，于是专家们感到有必要创造一个名词来指出对脸红的惧怕，这就是赧颜恐惧症。

显然，赧颜恐惧症成了人们没完没了的困扰。在最早描述社交焦虑症问题的一篇引起轰动的文章里，希波克拉底提到过某些患者具有诱发此症状的行为：“他喜欢在黑暗中生活，不能够接受光线充足或是透明通透的地方。他总是用帽子盖住双眼，如此一来他便看不到别人或是被人看见，虽然他很乐意让别人看自己。”[1]希波克拉底在这里的描述，并没有直接提及对脸红的惧怕，而是提到一些具有诱发性质的行为：躲避强光，因为光线会暴露脸红的事实；藏在帽子后面，害怕看见别人的目光，一旦撞见，脸会越来越红……

单纯的皮肤发红抑或赧颜恐惧症

希腊单词变红（erythros）以及红色（ereuthos）都会让人想起两个医学术语。其中érythrose是指“皮肤很容易变红”[2]，而另外一个单词éreutophobie是指突如其来的脸红所引起的纠缠不休的忧虑。在后一种情形下，确实发生的肤色变红成为了恐惧症发作的对象。

许多会脸红的人其实并不都是赧颜恐惧症患者，他们常常会因为自己容易脸红而困扰或恼火，然而他们终究不是恐惧症患者。

但赧颜恐惧症患者会让他们的脸色变得越来越红，究其主要原因是因为他们害怕脸红。只要一想到自己会脸红，他们的焦虑便会加重，因此焦虑也很容易表现出来；如果他们是在社交场合脸红，他们会将注意力转移到自己脸红的事情上，而不是去想如何与对方沟通，所以他们的不适感便加剧了。

---

1 Trad. franç. par M. Laingui, «Le Concept de phobie sociale» , *mémoire pour l'obtention du CES de psychiatrie*, 1991, Université Paris-V-René Descartes.

2 Garnier M., Delamare V., *Dictionnaire des termes techniques de médecine*, Paris, Maloine, 1974.

他们无法扔掉这些反射行为，尽管在别人看来，他们并不是很严重，然而赧颜恐惧症还是需要长期治疗的。关键的治疗阶段就是痊愈初期，也就是赧颜恐惧症患者对他的治疗者说这样的话的时候："那一日，我脸红了，但较之平日，我感觉不是那么难堪……"此外，从开始医治赧颜恐惧症患者的时候，我们就会向他解释，治疗不是让他变得不会脸红了，而是不应再为脸红的事情焦躁不安。

19世纪的精神病学医生曾对此症有过精彩描述，他们是那个年代里出色的观察者。赧颜恐惧症于1846年被柏林的医生卡斯佩尔（Casper）鉴定出来，[1]紧接着法国的彼得雷（Pitre）和瑞吉（Régis）对其进行了研究。我们还是来听听20世纪初法国精神病学导师皮埃尔·让内[2]（Pierre Janet）在他于1909年问世的第一部作品《神经官能症》（*Les Névroses*）中是如何描述这种病症带来的困扰的："当他觉察到别人在看他时，尤其是自己置身于异性的目光下，他便开始担心自己会脸红，而且这种担心没完没了。他预想到的羞耻感立刻让他面红耳赤，无论他做什么都无济于事。因为有心事，他的脸色最开始微微发白，可很快就被可怕的红色所取代了……这种惧怕随时都会袭来，且不易退去，于是成为了患者为之瞠目却又无法抹去的伤痛；或许这

1　Casper J. L., *Denkwürdigkeiten zur medicinischen Statistik und Staatsartzneikunde*, Berlin, Verlag von Duncker und Humblot, 1846.

2　皮埃尔·让内（1859—1947），法国心理学家、精神病学家。——译者注

是人身上一种最勇敢、最具社会性的本性，但它却变质成了可笑的胆怯、孤僻，它躲开所有可能发生的场合，它寻求孤独。而人要承担的社会义务，有时是工作义务，这就让它更加为所欲为。愚蠢彻底毁了他的生活。”[1]

文学作品中相似的例子不胜枚举。最可爱的无疑是由桑贝（Sempé）撰文和插图的马赛兰·凯约（Marcellin Caillou）的故事，故事讲述了一名患有赧颜恐惧症的小男孩的生活。

> 小马赛兰·凯约原本可以像其他孩子一样快快乐乐，可他却被一种奇怪的疾病折磨着——脸红病。无论是与否，他都会脸红。
>
> 幸好，你会告诉我马赛兰不是唯一一个会脸红的孩子。所有的孩子都会脸红，他们脸红的原因是因为害怕或是干了蠢事。
>
> 然而令马赛兰颇为头疼的是，他会无缘无故地脸红，不经意间他的脸就变红了。而在“该脸红”的时候，他却没有反应……
>
> 总之，马赛兰·凯约的生活极其复杂……他会问自己几个问题，更准确地说是问一个问题，一个一直重复的问题：为什么我会脸红？

1 Janet P., *op. cit.*

他并非不快乐，只是他会问自己怎么脸红的、什么时候脸红，还有为什么脸红了……[1]

我们的一位女患者这样描述她的困扰：

我总是会为一些无关紧要的小事脸红。只要场合让我觉得为难，我就会脸红，比如一片沉寂或别人直盯着我的时候。我清楚地记得我开始惧怕脸红的那个日子：在学校的教室里刚刚发生了一起盗窃事件，有人从我所在班级一个学生的外衣里拿走了钱。老师郑重地将我们所有人集合起来，她问询我们，还要求那个“作奸犯科”的人自首。自然，我与这起偷窃毫无瓜葛。但在痛苦的沉默时段里，老师面无表情地盯着学生们看，我觉察到自己的脸变得越来越红，感觉越来越不自在，我担心因为脸红而被大家认为这是对偷窃行为的承认。似乎大家都一致以为小偷是我，而老师则表现得很理智，她没有因为我脸红而认定我就是那个小偷。可从那天起，我就被其他同学取了“女贼”的绰号……现在最糟糕的情况是，我的脸红病发展到了荒唐的地步，莫名其妙就来了，甚至于只是告诫自己不要脸红，或是只要我说“瞧，你没有脸红”的时候，我已

1 Sempé, *Marcellin Caillou*, Paris, Gallimard, 1982.

经上脸了……

赧颜恐惧症患者所忧虑的是他们的烦恼被身边的人看穿。他们中的一员告诉我们，为了留神“红色警报”（脸红出现之前的征兆）的突然袭击，他是如何一直保持警惕的；他还坦言在他人面前脸红于他而言意味着真正的“社交自尽”（因为最终他会觉得受辱、被人轻视了）。他说了以下这番话表明心迹：“较之冒着在人前人后脸红的风险，我宁可闭嘴或装傻。”正因如此，希波克拉底所描述的赧颜恐惧症患者才会躲开光线明亮的场合，并藏匿在一顶偌大的帽子后……从前的作家淋漓尽致地描写了深受其害的女子是如何乐意使用扇子，以便在公共场合掩盖她们的容貌。另外，无论在哪个年代，化妆都可以让女人在厚厚的脂粉层下掩盖住突如其来的脸红。我们的一位女患者向我们透露了她掩饰脸红的伎俩：

> 我总是随身携带着一块手帕或是几张面纸。脸红一旦来袭，我就装作是突然打喷嚏的样子，然后用力擤鼻涕。这一幕上演后，人们见到我面红耳赤的样子并不觉得讶异……他们会把我当作一个极易患上感冒的人。

赧颜恐惧症患者尤其畏惧一些场合，比如去理发的时候。他坐在理发师专注的目光下，脸红的程度会呈两倍、三倍或者四倍的速度逐渐升级，当然这要看他身旁有多少面镜子了，因为镜子会让人如坐针毡。如果有人发现他脸红了，那么他就有可能会成为众人取笑或猜疑的对象。那句“你脸红了”，在人们相互打趣的时候被频繁使用，而这样的话语只会让当事人愈发地面红耳赤……

一位赧颜恐惧症患者的烦恼

只要有人在我面前说“有人偷了我的伞”，我就会立刻六神无主，脸色也变了。其实我本人根本就受不了雨伞这玩意儿，我永远不会去用，我无法从这样的工具中获得一丝快乐！但是，我会突然露出“应景的表情”，就是那种所有人都能看出我是嫌疑人的神色。我觉得需要为自己澄清，于是赶紧胡乱说些话。我临时编了两三个故事，有时也会说谎，这都是为了证明我不知道有伞的事实，何况这把伞不见的时候，我也不在场……

上文选自乔治·杜亚美（Georges Duhamel）的作品《萨拉温的日记》（*Le Journal de Salavin*）。它充分说明了赧颜恐惧症的主要特点：置身诸多社交场合时易脸红且都是突然来袭，常常与别人的目光有关；当事人无法自控地脸红，如果意欲控制，反而会引起身边人的注意，于是只会愈演愈烈。深度追究和思考脸红的原因，“仿若一个驼背的人不愿去想驼背的事一样”，本世纪初某位病患如是说[1]。赧颜恐惧症的发作有时很莫名其妙，就连当事人都还没有完全融到场合里，它就来了（比如有人在聊一件见不得人的事，在现场的赧颜恐惧症患者就会脸红，好像是他们做了那件坏事一样[2]）。甚而某些时候，当事人独处时，脸红也不期而至。他只要想起曾经经历过的不愉快场合或是预感到脸红的前兆，脸红便来了。

其实无论是哪种情绪，甚至于情绪发作伊始；无论是哪种不适，即使不易察觉，对于那些敏感的人来说，都能诱发其脸红。卢梭在《忏悔录》里讲了这样一个例子，脸红是因为识破了对方而让自己难受产生的："他到处撒谎的时候，我脸红得低下了头，甚感不安……走在街上，我发现自己出汗了，我相信如果出去之前有人认出了我，还叫着我的名字的话，大家就会瞧出我像个作奸犯科的人一样羞愧难当、诚惶诚恐，只有用这样的痛苦，我才可以感受得到这个可怜人在谎言被揭穿的情况下，所承受到的东西。"我们可以设想：如果这样的情形发生了，使用测谎仪——美国某些州使用的仪器——并非明智之举。仅仅出于害怕而脸红，就足以让人们把社交焦虑症患者当作强悍的罪犯。

害怕脸红其实是一种社交障碍，人们由此也会联想起有人害怕出汗，很多会出汗的人都想去做个外科手术以彻底根除此

1 Hartenberg P., *op. cit.*
2 Ibid.

症状。一些外科医生的确会建议那些想要彻底清除出汗症状的人做一个交感神经切除术，因为交感神经能引发神经中的植物神经系作用，并让人们变得敏感。[1]这种手术其实是有很多后遗症的，它会使人变得残缺不全，而且一旦做了，便再无挽回余地。如果由几个专家操刀的手术失败，那么来接盘的也只能是心理医生。何况，心理医生也未必能解决问题。就连做过这个手术的外科医生们也承认，至少有10%～30%的复发率。我们认为，到底还是缺乏足够的科学研究来证明手术的可行性。以目前人们掌握的知识来看，我们不能见了谁都建议他去动手术。

敏感的生理反应有何意义

脸红及身体的所有这些表现是从何而来呢？要弄明白这个问题，我们得重温一下专家们从压力反应机制中所发现的东西。[2]当人们置身于有压力的场合时，机制会提前反应以便当事人准备应对这种场合。机制在由多种化学和激素成分组成的人体内留下了如肾上腺素一样的分泌物，由此导致人的心跳加快、呼吸迅速、血管扩张，这是为了充分冲洗收缩的肌肉。事

1　Gross M., «Indications et techniques de la chirurgie du système neurovégétatif intrathoracique par voie endoscopique» , *Journal de Cœlio-Chirurgie,* 1996, n° 17, p. 35-38.

2　Lôo P., Lôo H., *Le Stress permanent*, Paris, Masson, 1995 (1999, 2ᵉ éd.).

实上，我们已经准备好让身体有所行动。如果有压力的场合会让身体受伤，比如我们的祖先所经历过的洞穴时代，即捕食动物或者其他人类时代，那么我们提前做好的反应是要么斗争，要么逃跑。人类身上其他更为谨慎的反应，有时在动物身上也是可以观察得到的，后者本身也会有压力反应，而且可以被识别出来，例如体毛竖起、身体变色，或是身体某些部位膨胀起来，似乎变得比以前更肥胖或更可怕。它们这样做的目的无非是赶跑敌人。现在，人类不一定会面临身体受伤的场合，却要对抗更多象征危险的场合。尤其在社交场合里，我们的确如此。我们的预警反应不仅无济于事，反倒横生枝节。然而有人说脸色苍白是要采取攻击的征兆，而脸红则只表明情绪上的反应，对于当事的对话者而言，毫无危险。[1]或许正因如此，人们才会不厌其烦地骚扰脸红的人，而面色发白的人却让他们惶惶不安。

有时，这些生理反应也会完全发挥作用。一些演员或者会议报告人在紧张、害怕之时，却是表现极佳。他们的心脏怦怦乱跳，身体发热，脸颊泛起红晕，这些表现在他们身上引起了刺激、正能量的作用。而其敏感反应也发挥了优势：他们行动有效，超越了自我。著名的耶克斯（R.M.Yerkes）、多德森（J.D.Dodson）的钟形曲线图指出：

1 Morris D., *Manwatching*, New York, Abrams Inc., 1977.

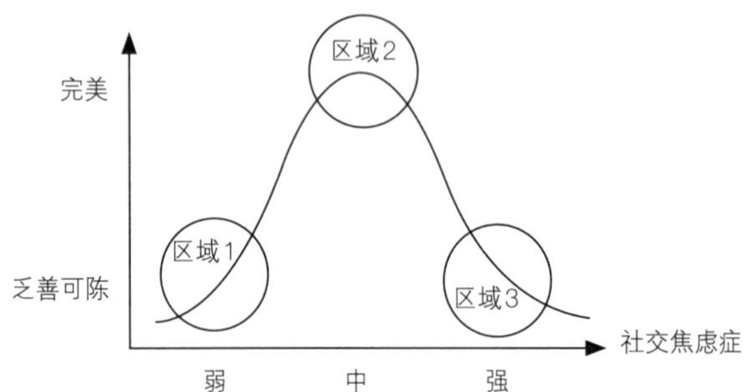

区域1：弱社交焦虑症，动机与刺激风险不强烈

区域2：适中的社交焦虑症（不多也不少），刺激，但不会使人陷入困境

区域3：强度社交焦虑症，会引起紧张和晕厥

焦虑表现的曲线图

身体的预警状态一旦达到某种程度，就会有所反应，然而过了这个阶段后，身体的表现呈下滑趋势。适当的惧怕能够刺激思维的冲动和创造性；可如果惧怕愈演愈烈，演讲人的反应就会变得麻木不仁、速度放慢。

关于这方面的精确研究还有待完成。显然人和人之间也是千差万别的，有的人意识到自身焦虑的程度会激励他自我改善，而有的人却险些崩溃。很多运动员的情形足以证明此种现象。[1]个体之间的差异与诸多因素有关，所以，针对不同项目

1 Hanin Y. L., «State-Trait research on sport in the USSR» , *in* Spielberger C. D. et Diaz-Guerrero C. éd., *Cross-Cultural Anxiety*, vol 3., Washington DC, Hemisphere Publishing, 1986, pp. 45-64.

（滑雪、篮球、跨栏）的运动员所做的研究表明身体最佳表现是结合以下几个因素作用而成的：高度自信、身体压力以及忧患意识。[1]换句话说，个人对敏感表现的意识及控制要么使其言行得当，要么让其丑态百出。

还有，值得注意的是，在从前的各个年代，人们能更好地接受敏感的表现，当事人有这些表现不一定就说明他的脆弱或是他的性格很容易受伤。浪漫主义时代的男性英雄是有些水分的，中世纪的骑士甚至会因为他人的肯定或否定而晕厥。时至今日，自控则成了对人的严格要求。身临社交场合（招聘面试、当众发言……）却很敏感，这就如同暴露了自身的主要缺陷一样。至少，社交焦虑症患者一定会很担心、害怕这样的场合。

然而较之男性，女性更易敏感。人们不可否认，敏感有时还是能展现人的魅力的。这也许又会让我们想起另一种解释脸红的说法：精神分析学家们不失时机地将脸红与性欲联系到一起，同时也赋予了赧颜恐惧症多重的冲动内涵……

*

我们刚刚所提到的所有情绪困惑显然会使人显得有些愚笨：举止不自然，僵硬局促，如同当事人努力让自己变得谨慎

1 Taylor J., «Predicting athletic performance with self-confidence and somatic and cognitive anxiety as a function of motor and physiological requirements in six sports», *Journal of Personality,* 1987, 55, pp. 139–153.

一样；而举止过度夸张，又好像当事人用大幅度的动作来增加自信一样。卡特琳娜·德纳芙（Catherine Deneuve）在一次访谈中聊到了她自己对害怕的定义：“它与困难无关，而我们也不能将其控制，你们肯定知道那些太过紧张的言行，还有那颗跳得太快的心脏。”[1]面对这样的场合，有的人经常做出一些没有意义的行为：用手摸着脸（耳朵、颈部、嘴、鼻子……），玩弄各种东西（钢笔、衬衣领……）或者抚摸身体的某个部位（手腕、头发……），动物生态学家说这些惧怕的表现具有普遍性。[2]思维方式也会受到干扰：要么大脑放空，要么思绪快速运转，无法控制。

我们应该深入了解社交焦虑症的行为及心理的表现。

1 *Télérama*, février 1995, n° 2351, p. 22.
2 Corraze J., *Les Communications non verbales*, Paris, PUF, 1980.

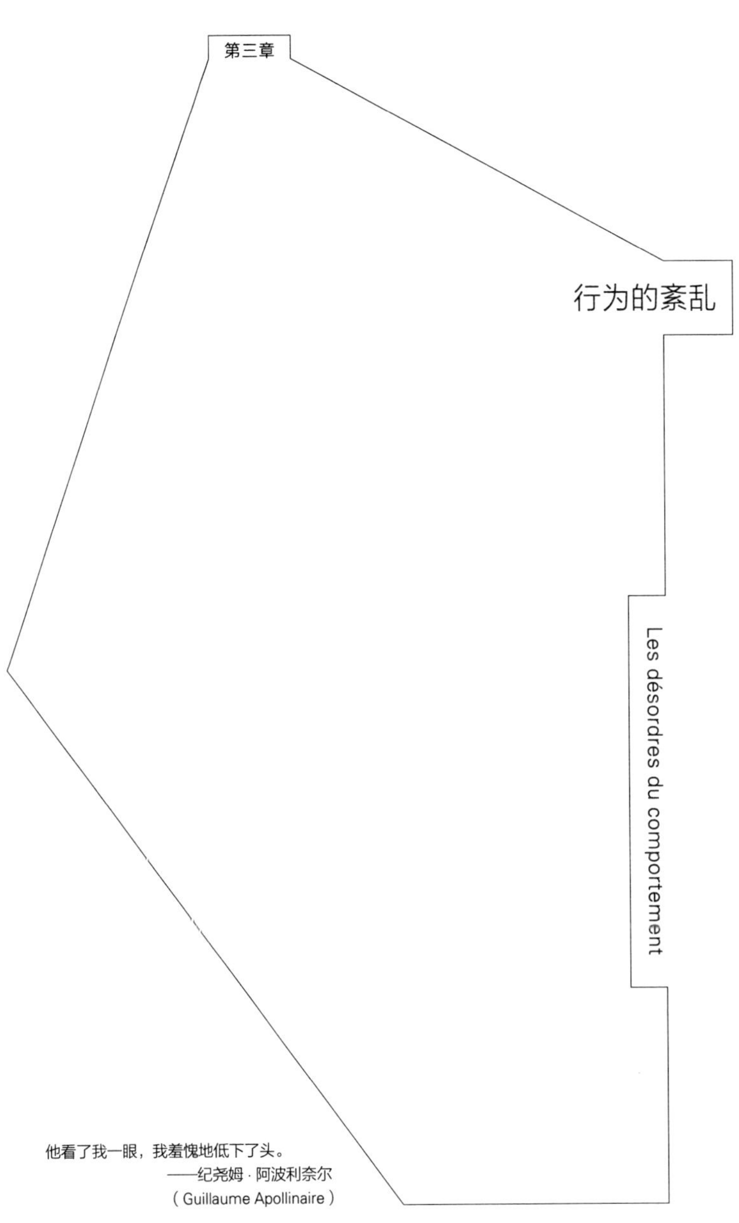

第三章

行为的紊乱

Les désordres du comportement

他看了我一眼，我羞愧地低下了头。

——纪尧姆 · 阿波利奈尔

（Guillaume Apollinaire）

让·吕克，50岁，企业主

鸡尾酒会上，我从来不知道该说些什么。我觉得自己像极了一个白痴：脸上永远挂着暧昧的笑容，手不知该放在哪里。我该如何应答人们围在点心桌旁高谈阔论的无聊之事呢？您跟我说说，还有比这更无聊的吗？我还担心我说的话会更加无聊，无聊到叫人受不了的地步，您明白的，就是说些让对方立马就能想到的话：“这家伙留的络腮胡真难看！”“怎么会有这么乏味的人？”所以，很快地，我就离别人越来越远了，气氛也变得越来越尴尬。为了不让别人发觉我的难堪，我会根据场合，要么做出一种生意人才有的担忧表情，这会让人觉得我忧虑重重，所以不能好好享受晚会；要么就在脸上挂着“惆怅”两个字，别人会以为，我还有比参加晚会更重要的事情做。但是我觉得自己只是做出了一副可怜家伙的白痴表情，既不知道如何融入晚会，也没有什么有趣的事情要和别人分享。于是，当我看完了挂在墙上的每一幅油画，翻遍了书架上的每一本书，以及玻璃橱柜里和搁物架上的每一样小摆设之后，我就鼓起勇气准备离开。可这同样也非易事，早早退场，肯定会被别人发现，或者会惹怒邀请方，有时是既被别人发现又惹怒了邀请方。所以，我告诫自己避免这一切窘境发生的最好办法就是不再接受邀请。扪心自问，我又能否做到呢？

克莱芒斯，22岁，学生

我的问题在于我不是别人所想的那样。他们并不知道我的冷漠背后其实隐藏了一个极度敏感的人。我找借口（或直接拒绝）不赴他们约会的原因，是因为我害怕自己无法找到位置。我发脾气，是担心对方不喜欢和不尊重我……然而，我的所作所为并不受自己控制，我从来都不能举止得当。只要我在场，就没有什么是自然发生的，一切都会变成烦心事，让人焦头烂额……

人们能觉察到的焦虑带来的不适及生理反应在某些场合里会深深影响当事人的行为和态度。行为表现最具代表性的特点就是——沟通障碍。当事人要溜走的想法、对可怕场合的逃避、对不理想人选的无效求助，使其言行要么过于压抑，要么太过挑衅，所有这些都可以构成沟通障碍的重要因素。

慌乱的极限

“17岁那年，”塞尔日·甘斯布（Serge Gainsbourg）讲述道，“我从医生那里出来，他把我送至楼梯平台。我对他说：‘小姐，再见。’然后又说：‘先生，您好，不打紧。’我们理论了一番，然后我在擦鞋垫上擦了擦鞋……”[1]

很久以前，医生就已经鉴别出因社交焦虑症引起的人际关系错乱。该错乱有两种主要趋势：反应迅速、兴奋，或是反应缓慢、晕厥。这两种趋势常常交叠发生，使当事人变得愚笨不堪，有时甚至会做出完全不合时宜的举动。

社交焦虑症患者的愚笨表现经常成为人们的笑柄。愚笨会折射出当事人内心的紧张、害怕，其实他也想把事情做好，但当所有的情绪都聚集在一起时，产生的结果便是他由于受到紧张干扰，从一开始就无法从容。皮埃尔·理查德（Pierre Richard）在他的很多部电影作品，如享有盛誉的《如何治疗害羞症》（*Je suis timide mais je me soigne*）中，就精彩地诠释了这种状态。

1 *Le Nouvel Observateur*, juillet 1983.

伍迪·艾伦也完美地再现了社交焦虑症患者的行为模式。在《邂逅女孩，安静》（*Tombe les filles et tais-toi*）这部电影里，有一幕让人啼笑皆非的场景：主角在家里做足了准备工作，等待一名漂亮女孩登门拜访。她终于来了，就在她按响门铃的时候，他却变得说话含糊不清，连动作都无法连贯起来，他将一张碟片丢了出去，而这张碟片是装在他左手拿着的小袋子里的；他用左手对着女孩做了进去或者坐下的手势，很像纳粹分子一样行左手礼欢迎对方的到来……还有很多诸如此类的愚笨动作。

兴奋有各种成因。比如我们的一位朋友，当他置身于压力重重的人际关系中时，他的语速就会快得惊人，他身边的人由此可以了解到他的紧张程度。另一位朋友则表现得很笨拙，当他受到惊吓的时候，就会满嘴胡言乱语。人们总会在晚宴上遇到一个将香槟酒杯打翻在自己或主人袜子上的人，于是他便会招来那些看热闹的人投来的嘲笑目光。当运动员面对让他们不容小觑的对手或他们准备战胜对方的时候，这种现象对他们来说屡见不鲜——多少有经验的老运动员都战胜过比他们更年轻、更有天赋的对手，只是因为后者流露出了让人难以置信的笨拙。也就是说，他们被自己身上所特有的惧怕获胜的心理给束缚住了。

晕厥从另外一个角度来说，表明当事人的沟通能力在逐渐下降。思考、说话、行动都要求人付出异乎寻常的努力，正如我们在这个案例里所提到的。

> 就像一块铅盖板对着我的头砸下来一样。我去了，满心期待。这一次，我要努力，我要发言，我要融入……然后，我也不知道为什么，好像什么也没有发生过，没有人回应我的问题，也没有人看着我。我突然感觉越来越沉重，越来越不想说话，人们继续交流，但我越来越沉默。我开始觉得自己只是出于礼貌才会出现在那里。我告诉自己，晚会上的其他人都已经把我给忘了……就是从这个时候起，一切都搞砸了，我很难躲到后面去。他们的交流偶尔也会自然地说起我，但我却很难再参与其中……

本杰明·孔斯坦（Benjamin Constant）电影里的主人公阿道夫（Adolphe）也证实了这种现象的存在："所有从我嘴里说出或讲完的话，并不是我原先酝酿好的。"

思维无法控制的加速运转（"在这些时候，我的大脑超速运转，完全难以控制，我每分钟会产生50种想法、画面、感想，它们进入我的意识里，如同超转速引擎，装有固定好的加速踏板，你松动不了……"）或者思维反应麻木（"我好像忽然失忆了""我想不出任何主意，我脑洞大开，也不知道要如何作答"），两种情形交替或重叠发生，让我们在社交场合里的表现变得有失水准。此外，兴奋与晕厥符合研究压力的专家们所描述的两大趋势：身临压力重重的场合，当事人要么不惜一切代价地控制自己的言行，要么顺其自然，心甘情愿地承受痛苦。[1]

鼓起勇气逃跑吧

咱们还是来说点儿有道理的话吧。是的，在某些社交场合里，我们会感觉极度焦虑，倘若这种焦虑改变了我们的行为以及沟通能力，妨碍我们做自己的主人、捍卫自身利益，还让我们六神无主，那么我们该怎么做呢？我们想避开这些场合，这是可以理解的，当我们无力抵挡的时候，要么会提前做好准备，要么会直接避免面对。

逃避是社交焦虑症患者的普遍行为："逃避暴露自身胆怯的场合，这是胆小鬼第一时间考虑到的事情。"[2]我们得承认，某些时候，逃避是合乎情理的，即使这样不光彩的行为并不会让别人看到自己的失败或者面临死亡的危险。比如，人们会避免出席某些讨厌的晚会，或是拒绝陈述自己并不熟悉的主题。然而社交焦虑症容易导致患者滥用借口来解释他们的逃避行为，于是他们渐渐限定了人际范围，却没有清晰地意识到其弊端。

当然，如果只是在屈指可数的场合，或是身临不足以影响日常生活的场合里逃避的话，这种行为有时并非坏事。害怕在

---

1 Dantzer R., *L'Illusion psychosomatique*, Paris, Odile Jacob, 1989, p. 170.

2 Hartenberg, *op. cit.*

众目睽睽之下发言是我们在现代人身上最常见到的，某些情况下，它会让人尴尬得不知所措，但不会日日消耗他们的生命。许多时候，假如这些场合与我们的利益相关，我们可以利用自身的优势及时迎战“避免逃离”的场合，正如我们的一位患者所说的玩笑话。

> 我害怕在商店、饭店等地方要求别人为我做什么。但是，如果我一定要要求对方为我服务的话，比如我和其他人——客户或漂亮女人——在一起的时候，我不能颜面扫地，便会提醒侍应生来换一换酒或者将极为刺耳的铃声关小一些……倘若我独自一人，是不会去做这些事情的。平时也是如此，如果我是为别人做事，那么就更可能愿意去面对某些过程。为自己讨债会让我无地自容，但若只是讨回金额的1/3，又相对容易一些。

唉！有时人们只因他们感觉不适而逃避一些重要场合。大多数逃避当众发言者的担心并不会对他们本人造成问题，更何况也许他们的工作也不会强行规定他们一定要这样做。但如果有一天老板要晋升他们的职位，言下之意就是他将要主持无数会议，为了不可告人的原因，他们或许会断然拒绝。因为相同的理由，有的人还会逃避相亲：自己蠢笨且缺乏主动性，又如何能希望吸引对方呢？可我们不能总是避开这些社交场合。因为责任所在或是出于意外，我们有时总要面对原本情愿躲开的事情。此时，如果焦虑症很严重，我们不能逃离现场，却会隐形逃避。什么是隐形逃避呢？其实只是当事人一个极为谨慎的托辞，使他得以不去完全面对不能回避的场合：不用去看，不必发言，不拿起鸡尾酒酒杯，所以不会颤抖；用化妆避免让人们看出会脸红的毛病；只讲片言只语，使人们不将注意力长久地放在自己身上，不谈论自己，只提出问题或是专心听讲，等等。如同逃离现场一样，隐形逃避不会让人们忽略自己，因为所有的研究都证明，只要它存在，社交焦虑症就还会持续发作。[1]

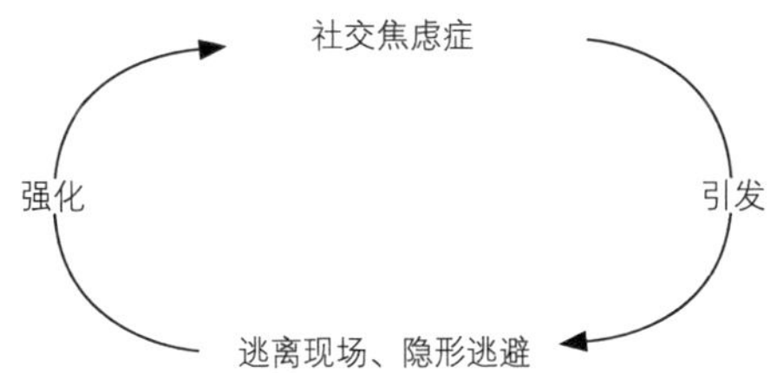

逃避如何让社交焦虑症发作

如果逃避是一剂毒药，释放的逻辑则更为极端：当人们无法回避或已预见让人焦虑的场合；当人们感到惊慌像海底浪潮奔涌而来，大有卷走一切之势时，他们就想要逃走。从很

1 Wells A. et coll., «Social phobia: the role of in-situation safety behaviors in maintaining anxiety and negative beliefs» , *Behavior Therapy,* 1995, 26, pp. 153-161.

多详细讲述他们经历的病患口中，我们又看见了这种想要逃走的意愿："我真想找个地洞钻进去""我好想飞走，远远地逃开""要是我能够在离开时跑得飞快"……他们如此解释自己急不可耐地想要离去或是荒诞不经的渴望。

我们的一位女病患说在一家眼镜店里试戴眼镜时，她的焦虑指数急剧上升：

> 我开始觉察到自己状况不好了，我感觉很奇怪，我相信老板也注意到了，似乎他也变得越来越尴尬了。于是我匆匆收场。我随便买了一副眼镜，就是我现在架在鼻子上的这副，我给他写了支票，说话结结巴巴的，急匆匆地走到外面。当我回到家后，才平静了下来。就在这时，我注意到自己在忙乱中将那副品牌眼镜弄丢了。我不知道它去了哪里，也不敢给眼镜店老板打电话，也许我是在街上把它弄丢了？我当时的状态可是差极了……

此外，她言简意赅地总结了自身的困境：

> 我竭尽所能地逃避不得不面对的社交场合。要是我无法逃避，或是别人为难我了，那么我一定会以这样或那样的借口躲开。但有时，逃走比留下更让人尴尬，所以我会选择留下，但我几乎不做什么举动，我十分压抑自己。

最终，人们有时会做出预先规避的行为。人们违心行事，比如鸡尾酒会上异乎寻常地亲近陌生人或领导，而第二天想起或许会羞愧难当……而再次遇到那些他们假装亲近的人时，会感觉极度不自然。

经常性地自嘲也可以归于此类行为中。自嘲可以让当事人和他人继续交流，却又不会显得太过亲昵，还躲开了对方的评论，至少改变了对方原先的思路，自己于是在他人眼里变得遥不可及、深不可测了。

最后，我们要来聊聊仪态的问题，比如有一支香烟作陪的时候。我们观察到，应邀去参加晚会的客人们，很多并不认识彼此，可就在他们相互点烟之际，他们认识了。无须怀疑，他们中的大多数人一到晚会大厅门口就认识了，他们最先扫视了成群结队的陌生人，或是和这群陌生人中的某几位寒暄了几句，便算认识了。先拿烟，后点烟，接着嘴巴叼烟、吸烟，这一系列行为可以缓解社交焦虑症。而对于那些爱抽烟（坏习惯）的人来说，这一系列行为并不令他们感觉陌生。这与抽万宝路的牛仔没什么两样啊！

哲学家阿兰（Alain）在其《言论集》（*Propos*）一书中，借眼镜这个物件观察到了同样的现象："毫无遮拦的眼睛出卖了我们的思想，至少我们是这样认为的，而一直盯着对方眼睛闪光点的人也如此认为，他们如同被击剑手附身一样……等待进攻和埋伏的地方在哪里呢？然而近视的人还可以做出别的举动：他摘掉眼镜，朝镜片上吹气，然后擦干净，这样的动作好像他要出发而把你独自留下一样……如果胆怯是人们共有的伤痛——我一直这样以为——那么近视的人无疑是幸运的。”[1]事实上，几年前我们就有一位女患者的心理治疗目标是出门上街不用再戴眼镜了，而她几乎算不上是近视眼。但只有躲在镜架后她才有安全和被保护的感觉，而且她认为戴眼镜让自己显得端庄。

难以接近和奴颜婢膝的人

社交焦虑症也会影响患者的处事风格，它常常使当事人在人际交往中感觉压抑或是不合时宜地向对方挑衅。有很多次我都不敢说出我的想法。我有主意，可我却不表达；我想做事，却不会去申请；我明明心里的答案是“不”，但我却开口说了“是”……

当我要完成某些步骤，却对自己没有自信的时候，我会用一种自己没有意识到的专横语气说话，也许我是在不自觉地让大家对我刮目相看，而且我觉得很多具有攻击性的人其实都是因为没有自信……

1 Cité par Jolibert B., *L’Éducation d’une émotion,* Paris, L’Harmattan, 1997.

紧张袭来之际，我们的身体做好了逃避或面对的准备。因此，社交焦虑症患者常会流露出抑制或攻击的倾向，这几乎不足为奇。[1]

我们的那位医生朋友和病人交流时神色自然、意气风发，然而只要一面对美女，他就颇为狼狈；另一位女性画家朋友，如若有人要订购她的油画作品，她绝不敢提一个钱字——她很少向那些品行恶劣的买主讨要尾款，而在其作品预展之际，她却总是光彩照人……同样的事情，换了别人或许就会采取攻击性的行为，而这其实也是因为当事人内心焦虑所致：一个和男人待在一起感觉不自然的女人会攻击男人，其实是想让对方和她保持距离；我们的一位患者只会用暴力去追回他的欠款或是借出去的东西，但欠他钱或东西的人却不喜欢这样，他们认为自己被他当作了骗子，于是对他的印象变坏了……

不同时段，奴颜婢膝或难以接近的行为都可能会出现在同一个人身上，他会在引起焦虑的社交场合，时而表现抑郁，时而消极进攻。这全取决于我们对他的期望以及场合的社会约束……普鲁斯特在《追忆逝水年华》这部作品中，通过科塔尔医生这个人物，敏锐地捕捉到这种现象："除了在维度林家——那家人简直为其疯狂。然而科塔尔犹豫不决的神色，与他的胆小懦弱、过分殷勤，都让他成了别人永久的笑料。不知是哪位

1 Laborit H., *L'Inhibition de l'action*, Paris, Masson, 1981.

慈悲心肠的朋友建议他摆出冰冷的面孔？除了在维度林家他是他自己以外，无论到了哪里，他都是冷若冰霜、沉默寡言的。而如果他非要开口的话，语气也一定是决然的，他不时地告知人们一些不愉快的事情。在客人面前，他也是这样的嘴脸，那些人以前没有见过他，甚至都不知道从前的他是什么样子，只是当得知他并非天生如此无礼之时才会颇觉讶异。”卢梭则在《忏悔录》里从自身的角度出发，讲述了他为了掩饰社交焦虑症，最终使用了保护面具：“我不能克服那愚蠢和讨厌的胆怯，尤其是当我害怕人们觉得我缺乏教养之时。最后我决定不去理会这些礼仪问题，于是我成了一个恬不知耻、尖酸刻薄之人。我佯装无视礼仪，其实是因为我不懂得如何对待别人。”

隐形链

我们注意到，社交焦虑症会深深影响患者的日常生活。根据患者害怕的程度、害怕的场合数量以及表现出的社交焦虑症症状，他们的不适或多或少都会被人发现并使其愈演愈烈。说到底，还是相同的问题：人们回避害怕的事物，可越回避就越害怕。塞内卡（Sénèque）[1]的这番话得到许多人的认同：“不是

1 塞内卡，约公元前4—公元65，罗马哲学家、政治家、作家。——译者注

因为事情困难而让我们不敢做，是因为我们不敢做，事情才变得困难。”

然而，我们该如何看待社交焦虑症患者逃避行为背后使其忧心忡忡的人际关系及其世界呢？

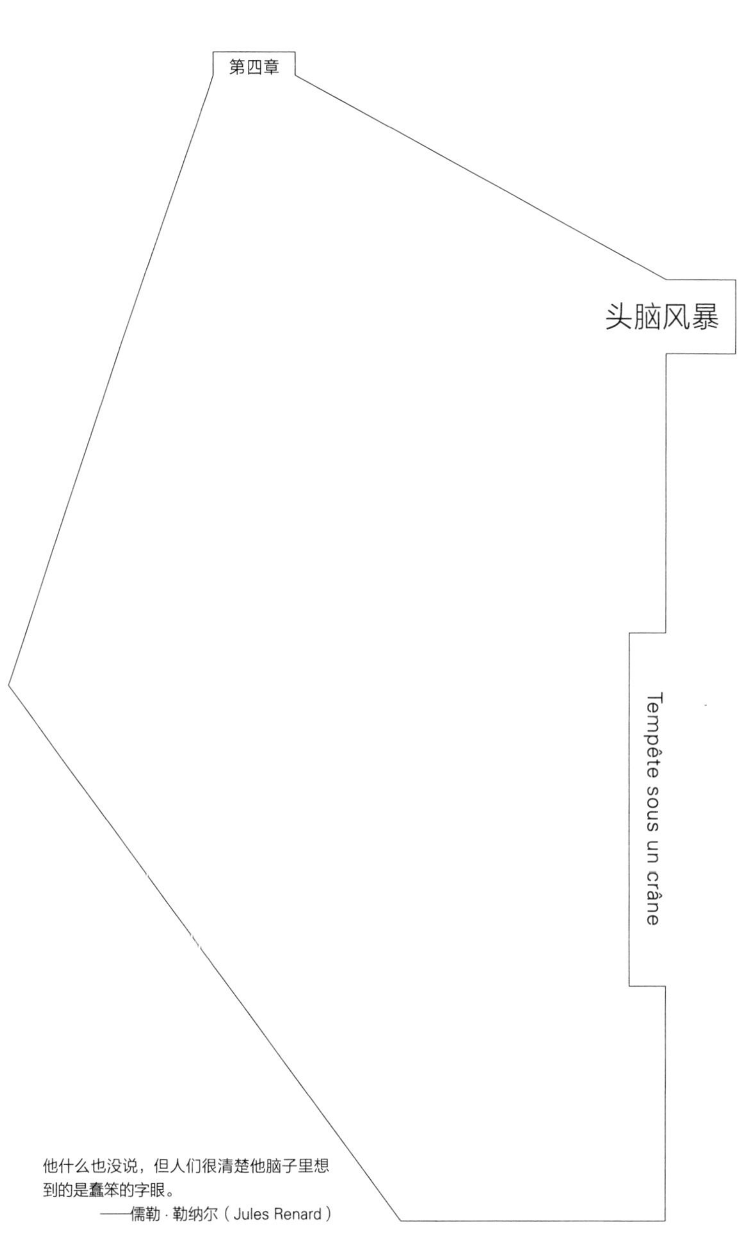

第四章

头脑风暴

Tempête sous un crâne

他什么也没说，但人们很清楚他脑子里想到的是蠢笨的字眼。

——儒勒 · 勒纳尔（Jules Renard）

洛朗，36岁，事业单位司机

我竟然将生活搞得一团糟，真是难以置信……我不停地问自己我做的是否正确，别人对我的印象是什么，倘若我换种方式来处理，那么人们会如何看待我的所作所为和言行呢？我妻子总是对我说，与其瞎操心这些问题，还不如好好过日子呢。但我无法不去想，我无法改变思维模式，以及诠释和预见事情的方式，当然，这一切都很消极……

阿德琳，39岁，商人

我没有自信。即使分配给我的任务或是要执行的举措少得可怜，我都会怀疑自己的能力。我总是问自己是否可以做到。就算别人对我很放心，我还是冷静不下来，其实问题就出在我身上，在我的脑袋里……

伯努瓦，47岁，教师

我一直都觉得别人在评论、指责我。他们的一个眼神、一个微笑或是一阵沉寂，都会让我方寸大乱。每次，我都觉得是在考试或是犯了错……

伊泽，23岁，大学生

我害怕的原因很荒唐，比如当我不得不做陈述的时候，我害怕人们问我陷阱问题；害怕在我没有询问的时候，他们就告诉了我答案……我无法摆脱这些对别人的惧怕，尽管它们可笑至极。我害怕人们回答、微笑，甚至害怕他们沉默不语……

社交焦虑症关乎对自己及周围人的特别关注。置身社交场合中，我们如何与自己交谈呢？我们的言论会如何鼓励自己或是摧毁我们想要认真交流的愿望？我们怎样才能洞悉和分析事态的发展？我们会从自己的观察中得出什么结论？接着为了在社交场合里如鱼得水，我们会采取哪些措施，做出哪些行为呢？认知心理学仔细研究过这些想法，精神分析主要与问题的原因相关；而认知主义则提倡尽量恰当而合适地回答当时的问题。这种实用方法旨在引导人们进行完善自身的改变。

什么是认知呢？这是一种思想，一种自然而然产生的思想，它被强加到当事人的意识里，并与后者正在经历的事情发生关联。从某种意义上来说，这是人内心的话语，是他和自己对话的方式。比如，他会在心里说道，“我永远都做不到”“他们正看着我颤抖的双手”“她觉得我很奇怪”“我没有什么有趣的事情要说”“我要变成结巴了”“他们不会再邀请我了”“我刚才真可笑”“我不该这样说话的”……

认知是指一个人的内心独白，因此有时也被叫作“自己的语言表达”。认知来势迅猛，几乎因条件反射而起，它是对当事人惧怕的某些场合的回应。人们会对他们准备思考的主题自言自语，这种对话如同花言巧语或准确无误的信息一样被强加进人的意识里，而非人们所假设的评估。它是人意识之外的，自然而然发生，不一定会让当事人觉得害怕。认知多少有些意识的色彩，有时是出于当事人的本能想法，如同他思维深处传来的一个声音。认知去了又来，它会重新回到当事人的意识里，即使事情的进展并不如同它所期望的那样。它最终形成了适应某些场合思维反应的特点，如果要有所更改，它需要付诸努力。

认知在社交焦虑症中具有第一重要的作用。我们已经提到的身体背叛，是指在引起焦虑的场合里的生理表现；而此处我们谈论的是头脑风暴。的确，当人们面对惧怕的社交场合时，思想的紊乱是具有震慑力量的。

我们即将要细讲的认知疗法，其目的在于使社交焦虑症患者更为有效地控制自身的认知。但要达到这一个目的，首要的任务是要学会识别认知。

负面想法的排行榜

针对社交焦虑症患者进行的主要研究表明患者心里最常出现的想法是[1]：惧怕再次成为他人的焦点；觉得自己正被人观察，自认为被人评估，认为来自他人的评估是负面的；过度关注自身的敏感，感觉脆弱，在别人的目光下是赤裸的，几乎不能自我保护和自卫，控制自己和局面都显得力不从心，毫无斗志；极其贬低自己的社交，甚至是合乎礼节的行为；高估既定关系或场合的行为标准；他人可能具有潜在的攻击行为，他人较之自己更强大、更有能力，可能在言语和行为上对自己进行攻击；高度警惕自身的焦虑表现。

我们能将社交焦虑症患者的主要认知归类吗？聆听了一位患者讲述他自身的经历之后，我们注意到他的思维包括三个分支：他自己的行为、他的对话者们的感受、对话者们可能会做出的反应……其实无须每次都指出这些认知具有危言耸听的特点。

1 Leitenberg, *op. cit.*, p. 63.

一位社交焦虑症患者的思维模式

他自己的想法	对他人话语的想法	对他人即将做出的反应的想法
“我的声音不自信”	“他们看得很清楚，我在众目睽睽之下发言极度不自然”	“他们将向我提问，而我却不知该如何作答”
“我抖得很厉害”	“他们看到我颤抖了”	“他们会提醒我颤抖了”
“我很无聊”	“他们觉得我很乏味”	“他们再也不会邀请我了”
“我这样提问跑题太远”	“她认为我失礼了”	“她大发雷霆，叫我滚蛋”

对自己的负面评价

众多研究都证实了这个观察结果：社交焦虑症经常与别人停留在自身及其表现上的负面目光有关。[1]研究察觉到有此倾向的患者第一时间注意到他们出现及行为的方式都有问题，或者说他们是这样以为的。“今晚，我没有把话说透”“我本该这样做或那样说的”，接着患者趋向于将这些负面因素与夸大了的标准联系在一起，趋向于“把一切都搞砸了”的想法，好像“只有我过不去这个坎儿，这不正常，这真是一次灾难”；最后他会不合时宜且夸张地贬低自己，并对自己盖棺定论——“我不能融入到集体中”“我很差劲，没有人会觉得我有意思。”

1 Stopa L., Clark D., «Cognitive Process in Social Phobia» , *Behaviour Research and Therapy*, 1993, 31, 3, p. 267-295.

比如，我们的一位患者告诉我们他在面试的时候干了一件蠢事：他打趣了法国南方人的娱乐方式。说完这话之后，他开始忧心忡忡，因为他怀疑面试官可能就是南方人。于是他不再注意谈话中其他的有利因素，而是想怎样弥补他刚才犯下的错。他认为这个错误是灾难性的，而且无法挽回。到了最后，他告诫自己不要再说蠢话了。终于他被录用了，因为他又讲了个小故事，而面试官也的确来自马赛，不过当时对方根本没有注意到他的讽喻。

自信是我们对自身能力真实或假想的整体评估。一个自信度不高的人会承受诸多心理困扰，首先就是消沉。[1]显然，社交焦虑症与自信度不高有关。[2]自信的形成取决于多种因素：外貌、学习专业或工作技能、体能等等。[3]如果一个人从童年时期起就自信度不高，那么在他的青少年时期乃至成人后都很可能患上社交焦虑症。[4]因此，社交焦虑症患者会对自己要求严格："我要让自己高兴，我必须要让大家都觉得我很有意思，这样我才能光彩照人……"其实，很多时候，外界的看法并不像患者本人的看法那么负面，然而后者几乎不去聆听，也无法

---

1 Pardoen D. et coll., «Self-esteem in recovered bipolar and unipolar outpatients», *British Journal of Psychiatry*, 1993, pp. 755-762.

2 Cheek J. M., Melchior L. A., «Shyness, self-esteem and self-consciousness», *in* Leitenberg, *op. cit.*, pp. 74-82.

3 Fleming J., Courtney B., «The dimensionality of self-esteem», *Journal of Personality and Social Psychology*, 1984, 46, pp. 404-421.

4 Elliott G., «Dimension of self-concept», *Journal of Youth and Adolescence*, 1984, 13, pp. 285-307.

相信。如果他知道了，可能也只会消极地看待这些事实（对方是出于同情、对方有优越感……）。自信度不高的人，其特点就是在轻易获得别人鼓励的低标准和对正面评价无动于衷的高标准之间寻找自我。

害怕他人的评价

“我脑中想到的第一件事情，并非我要说什么，而是人们对我的看法是什么。”一位女患者向我们讲述道，她还描述了自己面对事先没有想过的邂逅时的焦虑。这要作何解释呢？显然，每个人都有可能会问自己：“人们是怎么看我的？”这再正常不过了，社交生活需要我们稍微思考一下他人看待我们自身的方式。我们甚至可以说关注他人对自身的看法是人类天性中的基本特点，这可能是与生俱来的。这也证明了人类是群生的、社会性的动物。我们不妨设想一下，人类社会如果没有了对扰人的担心、对被拒绝的害怕、对对方糟糕评价的惊慌，那会变成什么样子呢？心理学家们所描写的某些所谓的精神错乱的人，是不同于社交焦虑症患者的，他们对他人的评价置若罔闻，甚至也不能构建美满的人际、社会生活。社交焦虑症患者的问题在于，他会一直自问：“人们会怎样看我呢？”他习惯于这样回答自己的问题：“我敢肯定，他们对我没什么好印象！”卢梭冷静地对比了自己思考时的困难和其迅速发生的功能认知障碍，于是在《忏悔录》里谈到了“思想的迟钝与感觉的敏锐有关”。

这样的思路是符合逻辑的：一个或几个当事人畏惧的场合里，他会变得很脆弱；他觉得自己在这些场合里被人观察、被人打量；他认为在他人关注自己的目光背后，亦真亦假地隐藏着一种对他的所为或他自身的评价；从他的角度来看，他只会觉得这种评价是负面的、批判的。

这些过程几乎随时发生，导致当事人很少成事。他人的每个轻微抖动立刻会被他发现，并贴上了负面标签，作为对方负面想法或评价的佐证。他当然会发现负面因素并将其放大（如对细节的批评会被视为完全拒绝）。怀疑或模棱两可的因素则被当作敌意的态度。这里就先说说沉默的情形，大部分社交焦虑症患者都害怕沉默，他们希望在沉默中要么至少看见对方流露出烦恼，要么对方提出退出的想法；再不济，看到对话者深恶痛绝的表情……

一天，我们的一位女患者向我们承认，在其心理治疗初期，因为看到我们其中一人紧蹙眉头，她便开始惶惶不安。其实，对方每次这样做的目的是要专注聆听她的烦恼：“我觉得您和我在一起不是很愉快，所以我很难继续向您自然而然地说话，因为我怕您失望或者生气。”其实情况根本不是她所想象的那样，但就因为她察觉到了一些细节，出于本能地会害怕起来，而且坚信自己的想法，甚而诸如微笑或者鼓励的一些正面因素也可能在某些情况下成为当事人怀疑的对象：他真的这样想吗？当然，社交焦虑症患者的极度敏感有时也是有理可循的。然而多数情况下，他是受害者，因为他看待周围或自身体会到的事物的态度太过悲观，且视角错误。

社交焦虑症和实验心理学

以阈下知觉为基础的研究（当事人不会下意识地注意电脑屏幕上的图像，然而他的大脑却将其记录下来）指出社交恐惧症患者看到对方表现出敌对表情时，会过度反应。因为他们的不确定，对于那些看不出好坏的表情，他们则表现出了敌对情绪。[1]其他研究发现，在社交场合里，一个即将要在众目睽睽之下发言的人越是焦虑，他就会越迅速地在听众席里看见沉默或是怀疑的面孔，并因此而受到干扰；相反，鲜有社交焦虑症的人则明显对饶有兴趣和支持的听众面孔更加敏感。[2]研究也证明了每一种暧昧的社交场合都会被社交焦虑症患者负面对待。比如，研究者请他们设想一下，当他们备下一台晚宴，几位朋友出其不意地提前退场，他们立刻会觉得这些朋友退场是因为觉得很无聊，

---

1 Wells A., Clark D. M., «Social phobia: a cognitive approach» , in *Phobias, a handbook of theory, research and treatment*, G. C. L. Davey ed., Chichester, John Wiley and Sons, 1997, pp. 16-18.

2 Veljaca K. A., Rapee R. M., «Detection of negative and positive audience behaviours by socially anxious subjects» , *Behaviour Research and Therapy*, 1998, 36, pp. 311-321.

而不是因为他们疲惫了。[1]研究者们还指出，社交焦虑症患者就读懂他人的情绪而言表现出了一些困难——除非让社交焦虑症患者确信无疑，不然他们就会将对方的冷淡表情视为不怀好意的表现。[2]

害怕他人的反应

对方会对我的话如何作答以及对我的行为如何作出反应呢？在我们的人际关系中，总有不确定对方态度的时候。当然这也解释了为何社交焦虑症在面对陌生人或团体时更容易发作，因为患者难以准确预测对方的反应。也是在这样的情形下，在一个合情合理的场景里，社交焦虑症患者便可建立起一个引起极度焦虑的认知体系。和社交恐惧症患者一样，他们看待问题也很极端。比如去面包店买一根法棍面包，他们就会觉得像是去参加口语考试或招聘面试一样令人紧张。

害怕对方的敌意反应是一种与社交焦虑症有关的认知恒量。这种畏惧让我们意识到可能会有潜在的进攻性行为。患者在众目睽睽之下演讲，而众多听众于他而言都可能是反驳者

---

1 Amin N., Foa E. B., Coles M. E., «Negative interpretation bias in social phobia» , *Behaviour Research and Therapy*, 1998, 36, p. 945-957.

2 Winton E. C., Clark D. M., Edelman R. J., «Social anxiety, fear of negative evaluation and the detection of negative emotion in others» , *Behaviour Research and Therapy*, 1995, 33, pp. 193-196.

或者是陷阱问题的提出者；患者想提醒餐馆侍应生，他的服务过于冗长，但觉得侍应生会拒绝自己的提议，并且提高音量来抗议，侍应生的声音还会使得其他客人也转头看过来，他们当然是支持侍应生的；还有那个邻居，患者认为自己一旦想请邻居将音响的声音关小，邻居就可能会怒火冲天，并想要上来理论……诸如“要是我拒绝，他就会责怪我”“如果我无趣，他们就再也不会邀请我了”“倘若我没有树立威信，人们不会再尊重我了”等认知是最频繁出现在患者头脑中的。

焦虑预感，或者说如何在一天中给自己讲述灾难电影

社交焦虑症常常是预感的焦虑症。人们从心理病理学中清楚了解到预感认知的基本功能。[1]在社交焦虑症患者身上，预感认知一直在上演真正的灾难剧情——它能做出所有最坏的假设。我们的焦虑症患者被邀请去参加鸡尾酒会，他不知道要做什么，于是朝自助餐柜台走去，并拿了一杯酒。就在此时，他脑海中开始想象最坏的情景了：

1 Rivière B. et coll., «Approche cognitive de l'anticipation dans les dépressions» , *L'Encéphale*, 1991, 17, pp. 449–456.

如果我喝酒，就会发抖；如果我发抖，人们就会看着我；如果他们看着我，他们就会发现我有情绪；如果他们看到我有情绪，他们会把我当作一个脆弱而不诚信的人……

又或是当他在餐厅里提了要求：

要是我要求他们给我换掉牛排，侍应生就会生气，他会提高音量和我说话，整个大厅里的人都会朝我看来。人们会觉得我有些夸张了。有些人在笑，其他人则窃窃私语。他不会给我换牛排，直到那顿饭吃完，他都不会尽力服务。他会让我一直等待，给我上的菜是冷的，我显得很可笑，因为鸡毛蒜皮的小事就被侍应生恶劣对待了。

最让人恐慌的场景显然是那些当事人不管做什么，而认知始终是混乱不堪的场景。一位患者给我们解释了当他独自置身于一群人中，他便会得出的结论：

如果我发言，我可能会叨扰他们，人们会觉得我有失礼仪。他们极有可能不做出回应，而我一脸尴尬之色。或者相反，我闭嘴，于是我会被看作是一个内向的人，不善于与人交流。往好的方面想，人们会同情我；往坏的方面想，他们会瞧不起我。

诸多作家极具才华地描写过这台想象灾难的恶魔机器。剧情如同魔咒般没完没了地发展，直至终极灾难出现，一般是以最为常见的社交及职场的信誉丧失来收场的。然而，也有可能会上演灾难性剧情经受住事件考验的场景，叫人颇为讶异的是，事件本身并没有想象中那么可怕。几个世纪以来，占卜者和占星家不也幸存下来了吗？虽然他们的预言荒谬之极。

永远的焦虑症

认知过程会持续受到三个时间维度的干扰：身临高压场合的前、中、后期。这就是我们所讲过的一位女患者的情形。她升职了，不得不面对很多客户。“我不停地从一种惧怕过渡到另一种。前期我害怕，过程中我害怕，之后我也害怕……前期，我害怕事态发展不顺；过程中我害怕人们注意到我的敏感；后期我则害怕自己的不佳表现会引发一些后果……”

因此，一切始于焦虑预感。预感是现象，当事人通过这个现象来准备面对场景。[1]预感病理学是众多心理病理学问题的源头，对焦虑障碍来说，尤为如此。社交焦虑症患者几乎活在对不利甚至是灾难性事件的突然发生的持续惧怕中。社交焦虑

1 Sutter J., *L' Anticipation*, Paris, PUF, 1990, 2e éd. revue et corrigée.

症患者回避不了规则，他只会产生大量的预感认知，比如“这会进展不顺”“我还没有达到那个水平”“他们会问我这样的问题，而我却不知如何作答”“他们会反应不佳”等等。

这些预感认知的悖论在于认知常常徒劳地以为会被揭穿，于是它们不停地繁殖。它们所预言的灾难世界是虚幻的，这个世界是最坏假设的累积和连续的后果，而真相每次都会全面瓦解这些如噩梦般的推论。但下一次预感认知又会重新强行进入当事人的意识里。

> 它们去了又回，一直如此。或者，更糟的情形是，变成西西弗斯的神话——每次，我都感觉清零后又开始了。一定是某个地方出了问题。然后我不敢再向身边的人讲起这件事了，到了最后他们还是不会理解。其实，最终我会清楚地看到报告会并没有恶性发展，但又为什么会继续苦恼呢？只是为了知道自己是否真的达到水准了吗？要怎样向他们解释每次我心里都会觉得失望，或者觉得自己侥幸逃过灾难，或者寄希望于下次有机会重新弥补呢？

社交焦虑症的时间顺序

身临场合前	负面预感	尽可能想象坏的剧情
身临场合中	关注自己	更关注自己内心的不适，而非正在上演的场景
身临场合后	羞耻	不停地回想自己推断的错误，由此放大产生的后果

然而焦虑并不止步于预感阶段。一旦置身场景，焦虑症患者的思维模式便显出其特殊之处。其思维方式主要有两个特点：一是思考和分析能力的混乱；二是面对环境时焦虑者的高度警惕。他们会放大最小的问题，连蛛丝马迹都不放过。沉默、微笑都会让他们慌乱不已：

> 我要考口语的时候，就会祈祷碰到一个宽容的老师，因为我需要一刻钟的时间冷静、理清思绪。要是老师没有敏锐地注意到这一点，或是他没有耐心等待我平静下来，那么我在他眼里就会像个最傻的傻子。他一定忍不住会问自己，我是做了些什么，才使得学习如此糟糕，或许我就是那种什么都无所谓的人，不去复习，而临考前才会心慌意乱……

焦虑症患者的注意力或许也会被身体及我们可能描述过的生理表现影响，而非外在环境：

> 在这些场合里，我甚至听不到别人对我说了什么……看不到我身边发生了什么事情……我只听得到我身体发出的声音，感觉到我那颗跳动的心脏，还有我那双想找合适地方安放的手。

所以我们可以想象，焦虑症患者在之前很长的时间里害怕不得不面对的事情，又极不舒服地面对了社交场合之后，他终于可以喘口气，并欣喜于自己经受住了考验。可惜，他并不经常能这样表现……场合的后续成了他负面认知的目标：当事人会重新去面对场合，并致力于研究他在其中所碰到的问题（真实的或是他假想的），这样的行为如同运动员坚持不懈地回放盒式录像，观看他在比赛中所犯的错误一样：

> 我浪费了大量的时间来问自己我本该说什么，或不该说什么；我本该做什么或不做什么……我不停地回想那个场景，越想就越会发现新的错误和新的问题，可在一开始的时候，我却毫无觉察……

这种推断错误的痛苦反省尤为有害，因为推断并不合理，它无异于一次没有律师辩护的诉讼，人们也很少会聆听其他意见。所以他们所承受的评价也苛刻至极，这不足为奇，因为他们不允许有缓和余地。“我真的一无是处”“我的确没有达到这一高度”“我从来不会让别人觉得有意思”……这些对自己的负面评价经常提前存在于社交焦虑症的问题中，所以，每次一面对这类场合，它们都会因当事人的觉察和剖析而被再次强化。

当惧怕对真相产生作用的时候

飞机恐惧症患者极尽想象之能事，害怕看见他所乘坐的空客坠机，然而这种想象并未增加飞机坠机的风险。幽闭恐惧症患者害怕电梯或地铁停滞不前，然而较之他人，他们遇到如此处境的频率并不高。焦虑症患者则害怕老板召见时，自己会脸红或身体颤抖，由于他始终这样想象自己的行为，于是它们顺理成章地出现了。心理学家用了“自动实现的预言”这个术语来描述这种现象。因此，当事人接受风险时并不自然，如果他没有尝试着去适应，他很快就会觉得自己被边缘化了，他一人在孤军奋战。这也告诉他：自己不是为社交而生的。换句话说，就社交焦虑症而言，预言的兑现是合情合理的。[1]

在某些情况下，社交焦虑症的所有这些表现，尽管令人尴尬，但后果并不严重：当事人可以对自己和自己的惧怕与不自在开玩笑，也可能对它们进行重新分析，然后逐条评估。但在其他情形里，社交焦虑症表现得太过强烈、突然，叫人手足无措：当事人无法后退也无法控制，它只会为其带来痛苦和障碍。现在我们要触及并描述可能存在的不同程度的对他人的惧怕。

---

1 Beck A. T., Emery G., *Anxiety Disorders and Phobias*, New York, Basic Books, 1985.

第二部分

害怕：从正常到反常

人人皆会害怕。我们不妨自问，当和长相不同的人接触时所引起的不适、惧怕，以及因此而有的各种表现背后，是否会有一种共同的本质存在？也许它是存在的。倘若我们认为这是同一现象——社交焦虑症——的表现，那么面对他人时的不适，有时则更应归咎于我们自身反应的惧怕，而非他人的目光。

惧怕、胆怯、社交焦虑症、缺乏自信、社交不适、交往的畏惧、社交恐惧症、抑制，名目数不胜数。然而人们要如何区分，又会如何让自己置身其中呢？其实根据社交焦虑症的持续时间及其多少带些病态色彩的强弱程度，我们应将之分为四种主要类型。社交焦虑症与当时的具体环境有关吗？它是否会以持续的方式与几乎所有社交场合有染？它会引起人们一生中的些许反射行为吗？或许它在植入个体生命里时就已经让人极度不适了？它是自我张力障碍吗？自我张力障碍说的是它并不符合当事人的意愿（“我没有想过我会这样”），又或是它能自我调节，即符合当事人的观点（“这是我性格里就有的”）。

社交焦虑症四种主要类型

	正常的社交焦虑症	反常的社交焦虑症
突发的、自我张力障碍的焦虑症表现	突发的害怕、畏惧	社交恐惧症
自我调节的恒定方式	胆怯	逃避型人格

害怕及各种各样的惧怕，属于持续性不长的社交焦虑症，它们因不同的特殊场合而起（当众发言、会见有威慑力的人物），不会严重影响生活质量，只会让人当时感觉不适。而人人皆有的胆怯心理则是人们生存的方式，它并非病态，只是人们更乐意有所保留而已。

然而社交恐惧症，则恰恰相反，它属于真正的心理疾病范畴，作用强烈，让人手足无措，发作时令人颇为痛苦和尴尬。同样，逃避型人格则是过度敏感于他人目光的存在方式，它使得人们错误地自我构建了逃避众多事件的生活模式。此外，社交恐惧症和逃避型人格还被正式划分为两种精神疾病。

通常，人们无视社交焦虑症的存在。对于很多人来说，害怕或胆怯并不代表着真正意义上的疾病，当然这样更好。以极端的方式对较少引人尴尬的现象进行心理分析或治疗并不可取，然而也的确有人反其道而行之，社交恐惧症显然会让人手足无措。长久以来，精神病专家忽视了因社交恐惧症而引起的症状表现，使它们发展到了让人讶异的地步，比如广场恐惧症或强迫症。人们的许多痛楚和尴尬也因它而起，但他们常常在羞耻感中体会（“如此行事是示弱的表现，我不正常，别人没有类似的感受，所以最好不要说出来，否则只会让事情变得更复杂”）或忍受（“这是在浪费生命，可我就这样，本性使然。这是我的性格特点”）。很少有人会因为害怕别人、羞于当众发言或逃避与身边人的某种关系而前来咨询。人们去看心理医生是因为他们抑郁、焦虑、感觉糟糕，而不是因为他们在工作会议中难以发言，然而人们体会到的不适或许还与其他困难有关。

长期以来，心理学的研究只具有“个人”“内在”的特质，却忽略了人际关系。这就好比是我们成了自我封闭的个体，但我们内心的人生意义却在于与他人进行广泛的互动。可有时就是因为与他人产生关系的障碍才导致了人们焦虑、抑郁。到了这个阶段，人们举步维艰如同置身瓶颈。

可该发生的还是要发生。很多人认为，社交焦虑症是一个敏感问题，无法使用医学手段或者心理疗法医治。从此人们将自身的困难交付给了医生。他们向医生讲述失眠时，不再难以启齿。而如果他在商店里询问售货员或要求老板加薪，那就是另外一回事了。这或许是因为社交焦虑症实际上并没有妨碍生活；而且，社交焦虑症患者喜欢回答问题，尽管他们对别人心存畏惧，在某些场合里感觉害羞，在众目睽睽之下发言会内心打鼓……显然，人们担心医生将其简单的生存方式改变成病理学的真实病例是有理可言的。有畏惧感并非坏事，对他人有一些保留也没什么不好，但在诸多我们还未言及的病例里，社交焦虑症真的会转变成一种障碍。

那么如何区分呢？社交焦虑症的主要类型是什么？它在日常生活中是如何表现的？

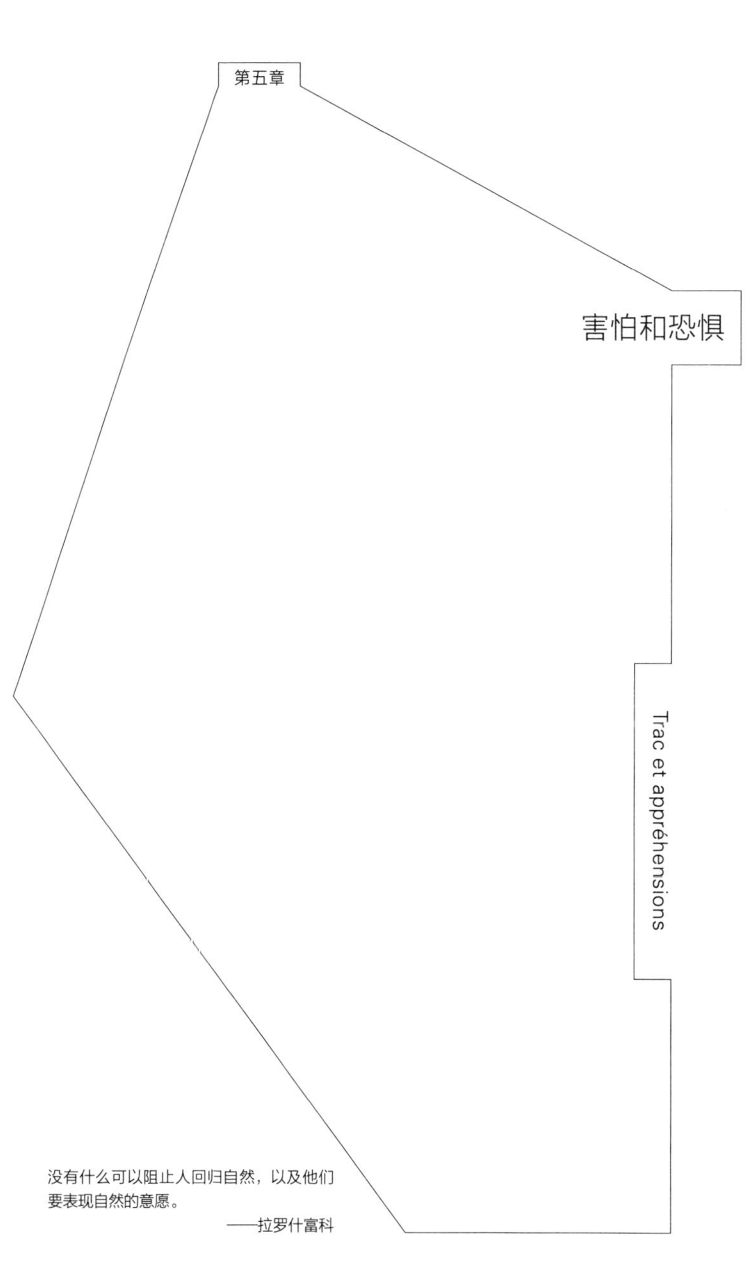

没有什么可以阻止人回归自然，以及他们要表现自然的意愿。

——拉罗什富科

如何定义害怕？这是一种受限于既定场合、既定时间里的强烈又短暂的焦虑感，而且人们可以借鉴trac这个单词的词源，并从中有所领悟。大多数语言学家认为，我们似乎可以把这个词和动词traquer（意为没有留下出路的追逐）[1]搭上同源关系。因为该词符合社交焦虑症患者主观的生活经历：他害怕对话者在聆听的过程中攻击自己，而且害怕对方聆听后不知感谢。短语tout à trac（意为突然、不假思索）让人想到了迅速、突然，它的含义也接近“敏捷”，而焦虑症的心理症状也体现出反应的快慢。最早需要使用专业术语的人，是19世纪初期的那些演员和学生，他们用这个词来表达面对大众或答辩评委会给出评

1 Dictionnaire historique de la langue française, sous la direction d'Alain Rey, Paris, Robert, 1992.

价时的恐惧。[1]这和人们所猜想的是一样的。

从运动员比赛前的惧怕[2]到演讲者作报告前的惊慌[3]，这也许是人世间最常有的感受之一……大部分流行病学研究对55%的人群进行了评估，这几乎也是害怕当众发言人群的比例。[4]其他研究指出，31%的当事人，据他们看来，对当众发言的畏惧要比其他人所能感受到的畏惧更加强烈。[5]将近1/3的人不得不放弃在人群面前表达的机会。我们的一位女病患向我们讲述了她的经历：

> 这是在召开学生家长会时，多年以来都会上演的同一幕剧情：我显得平静、自在，因为不管怎么说，我认识多数家长和老师。可是每次我有话要说的时候，烦恼便接踵而至。当我准备示意老师有话要说，或者我只是表现出想要这么做的时候，害怕就会突然袭上身来。它让我手足无措。于是，我常常放弃行动，因为我不是受虐狂。我宁可稍晚些私下里和老师聊聊我的想法。要是我的多数想法被别人想到了

1 Duneton C., *La Puce à l'oreille. Anthologie des expressions populaires avec leur origine*, Paris, Balland, 1990.

2 Smith R. E., Smoll F. L., «Sport performance anxiety», *in* Leitenberg, *op. cit.*, p. 417-454.

3 Mac Croskey J. C., Beatty M. J., «Oral communication apprehension», *in Shyness: Perspectives on Research and Treatment,* Jones W., Cheek J., Briggs S. ed., New York, Plenum Press, 1986, pp. 279-293.

4 Stein M. B. et coll., «Setting diagnostic tresholds for social phobia: considerations from a community survey of social anxiety», *American Journal of Psychiatry,* 1994, 151, p. 408-412.

5 Stein M. B. et coll., «Public-speaking fears in a community sample», *Archives of General Psychiatry*, 1996, 53, pp. 169-174.

或者表达出来了，那么算我活该，但我终于还是说了……

所以，害怕类似于一种身心瘫痪，它突然而至，出现在本不该属于它的时间里。一名摇滚乐的乐评人对害怕进行了幽默十足的描述："在艺术家的语境里，我们把这个称为害怕。您也可以用chocottes、jetons和pétoche（这三个词均为俗语里的害怕）来表达。谁将您的膝盖骨变成蜀葵膏，将大脑变成斯堪的纳维亚酸奶，再将心脏变成林戈·斯塔尔（Ringo Starr）[1]的一场独奏？尤其是当演员登上舞台前，他们最后一次站在肮脏、凌乱的化妆间里，在斑斑点点污渍的镜子前检查自己的发型是否妥当、体形是否保持良好，还有他的裤子拉链是否拉上时，害怕就来了。登上舞台，即使是在一间不起眼的小酒馆后厅里，也如同第一次跳入水中，努力吸着肚子蛙泳般安坐在凳子上表演。我们会以为他们到了最后湿透了，冻僵了，但也轻松了。结束使人隐约觉得仿若逃过一劫。"[2]人们熟知害怕所引起的身体表现，特别是心跳加快。[3]小车司机在市区开车，心率为110次/分钟；众目睽睽之下的报告人心率可达到130～170次/分钟，正在举办音乐会的音乐家的心率则为140～180次/分钟；

1　林戈·斯塔尔，音乐家、演员，以作为英国摇滚乐队披头士的鼓手而获得声誉，乐队解散后亦有出色的个人音乐作品，2015年入驻摇滚名人堂。——译者注

2　Barbot P., *Télérama*, 17 août 1994.

3　James I. M., «Aspects pratiques concernant l'utilisation des bêtabloquants dans les états d'anxiété: l'anxiété de situation» , *Psychologie médicale*, 1984, 16, pp. 2555-2564.

而参与竞逐的人要学会自我安慰，因为他们，比如赛车手的心率可以高达180～210次/分钟。

皮埃尔·德普罗日（Pierre Desproges）为我们提出了自己眼里的害怕及治愈良方[1]

害怕现在可以通过顺势疗法得到很好的治疗。演出以前，请你花上6个月的时间，每日早晚服用一小粒药丸，然后第一个重要夜晚便降临了。你登上舞台，嗨，忘记你有一个主张顺势疗法的医生吧。据说，幽默其实是失望的儒雅表现，而害怕则是才华横溢的人故作谦虚……

害怕还是当众发言恐惧症

害怕终于哪里，社交恐惧症又始于何处呢？我们将害怕当众发言的竞逐者人群和一群普遍意义上既害怕当众发言，又害怕面对诸多社交场合的社交恐惧症患者进行了对比。[2]我们邀请他们做10分钟的讲话（时间对于他们来说太过于漫长），并

1 *Textes de scène*, Paris, Seuil, 1988.
2 Levin A. P. et coll., «Responses of generalized and discrete social phobics during public speaking» , *Journal of Anxiety Disorders*, 1993, 7, pp. 207-221.

参照不同的参数（其中有他们的心率），以便评估他们的焦虑状态。我们得到的结果，和我们之前的预料一致，无论是从主观还是客观的参数来看，忍受着普遍意义上的社交恐惧症患者说话时表现得颇为焦虑。相反，竞逐者的焦虑主要集中在发言之前。一旦开始说话，他们的压力就没有同等条件下正常社交恐惧症患者的压力那么强烈了。另一个在对比后得到的令人吃惊的结果是，竞逐者的心率高于旁观者及普遍意义上的社交焦虑症患者，他们的肾上腺素和去甲肾上腺素的血浓度也同样高于另外两类人群。

我们看到，害怕不仅仅是脑海中闪现的东西。也许竞逐者代表着一种具有特殊代谢功能的人群。害怕没有人们所认为的障碍那么严重，但就敏感度而言，它也会不失时机地强烈表现。

预知焦虑的强烈程度或许解释了害怕引起人们在某些场合提前离场的原因。人们不妨下决心去试着面对让他们害怕的对象。

弗朗索瓦，40岁，工头

但凡我要参加那些每个人都要表达意见的会议的时候，我都想方设法地让自己第一个发言。如果我等得太久，害怕就会让我六神无主；而我要是一鼓作气地说完，就没时间思考，当然也没时间去焦虑了。同样，当老板要求与会者自愿在其他人面前示范的时候，我也会第一个上台。与其等待，还不如让我来做这件事情。因为大家会陷入几分钟的沉默里，看着他们的鞋子，而我宁可开口说话……

很少有人会说自己从来不会感到害怕。只是有的人无须跨过太多障碍便能克服害怕，甚至会因此而觉得自己受到鼓舞。压力上升至某一极限时，会改善人的表现。压力较小则动力不足，而压力巨大又让人浮躁，因为它等同于焦虑。

告诉我让你难堪的事情

害怕旁边存在着各种让我们感觉惊慌的即时场合。弗朗索瓦兹·玛莱-若莉丝（Françoise Mallet-Joris）的第一本小说（*Le Rempart des béguines*）出版后，在一次向她致敬的晚宴上说道："人们和我说话，而我却惊慌失措，什么也回答不了。然后有人递给了我一个装有橄榄的盘子。我吃了1个、2个、3个……10个橄榄。可我不敢吐出橄榄核。最后我的嘴里含着12个橄榄核。我惊慌之极！然后我拼命把它们全都吞进肚里。接下来的整整一个夜晚，我一直怀疑自己是否得了腹膜炎……"[1]害怕的原因层出不穷。有的不适因对话者（异性、重量级人物、专横之人、年长者）而起，有的不适则来自要传递的信息（评论、求

1 *Le Nouvel Observateur*, juillet 1983.

爱、认错），而另外一些不适则与环境有关（在众目睽睽之下言说某事、进入商店或是豪华机构）。

另一个更为频繁出现的问题是关于要钱的事。当我们和病人评估什么社交场合会让他们陷入困境时，要钱通常是第一个被说出来的，要钱可能发生在工作环境中（敢于在招聘面试中询问自己将会得到的确切薪水，要求加薪），或是商业场合里（要求降价、分期付款），也会发生在朋友之间（追要一段时间前借出去、现在应该归还的钱）。有的人谈钱色变，无能为力，他们同样也无法在物质上提出要求。博马舍（Beaumarchais，法国作家）不是这样写过吗？“无赖太多，所以有了知道胆怯的人。”此外我们要知道，从总人口来看，社交恐惧症患者的经济、社会地位一般低于他们拿来与自己相提并论的人们。[1]

我和你有约

同理，有的研究专攻约会焦虑，认为社交焦虑症和计划与异性约会的困难有关。尽管人们要求清晰明白地解释这种焦虑症的定义，然而不同于其他焦虑症的是，它集中了所有约会场合的鲜明特点，能够向对方提议约会，比如去喝杯咖啡、一起

1 Davidson J. R. et coll., «The epidemiology of social phobia» , *Psychological Medicine,* 1993, 23, pp. 709–718.

运动、去餐厅里吃顿饭、去看电影……很多人确实经历过这种互动的困难，他们可以和对方对话和交流，却不会主动提议一次极具个性的约会。他们所遇到的主要困难也许是因为这些场合具有潜在浪漫的特点：邀请对方去喝咖啡可能会被认为是勾引的其中一个策略，如同一个平淡无奇的劝诱，以避免在两个活动的间隙里出现瞬间的孤独……许多小说和电影里的人物都被搬上了荧幕，并总是以同样的方式表现：试图勾引女人的男人在双方交流的初期便停止了动作，因为他不敢越雷池一步，向对方提议更为私密的约会。根据电影或小说幽默、浪漫的特点，女人只能勉强自己和对方交流，或是不明就里地离去，因为不知是被对方遗忘了还是自己错失了良机。这就如同乔治·布拉桑（Georges Brassens，1921—1981，法国歌手和诗人）在他的歌曲《过客》（*Les Passantes*）里唱的一样：

献给那位旅途中的伴侣，
她的眼睛是迷人的风景，
让旅程也变得短了。
也许只有我一个人懂得，
然而就这样让她下了车，
我都没去牵一下她的手。

在这类障碍无关紧要、可供人娱乐（外界看法）的特点背后，产生了诸多难题。与感情生活相关的难题尤为突出，和朋友相处不够活跃、认识新朋友又不够主动，从本质上来说也会使当事人难以在场合中如鱼得水。一些年轻女子逃避和男人约会，很可能与这些难题有关——在知道约会的前提下，她们不知道该和对方做什么，所以宁可放弃一起吃饭或看电影，也不愿让对方听见自己说“不”……

我们也注意到社交焦虑症是构成某些性功能障碍的因素，例如男性的性无能，通常也属于焦虑症。[1、2]性爱氛围事实上集中了很多社交焦虑症的因素：需要表现得让对方满意、需要有一定程度的肌肤之亲、感觉对方在评价自己的表现……在此情形下，治愈性功能障碍也是在治愈相关的社交焦虑症。我们的一位患者告诉我们他不能和他所喜欢的女人发生满意的性关系，可如果对方对他不理不睬，他不会感觉到有任何问题，因为对方的态度让他不那么害怕被其评价了。

*

即时的害怕和惊恐有一定的共同点：社交焦虑症有确切的表现形式，并受限于某些场合和时刻。这两种表现有时过于生动，可能会造成当事人的痛苦和障碍。无关痛痒与病入膏肓、良性与病态之间的界限通常是模糊的。即使加上胆怯，也是如

---

1 Bruce T. J., Barlow D. H., « The nature and role of performance anxiety in sexual dysfonction» , *in* Leitenberg, *op. cit.*, pp. 357–384.

2 Tignol J., Martin C., Pujol H. et coll., «Prévalence de la timidité, de la phobie sociale, et de la personnalité évitante dans les dysfonctions érectiles» , *Sexologies*, 1998, 7, pp. 31–32.

此。因为害怕有其病态表现形式，我们将会看到其中某些表现的确因社交恐惧症而起。下面的表格将会帮助你理清思路。

害怕还是社交恐惧症？做出自我诊断

害怕	社交恐惧症
出席场合之前的一小段时间内，你颇为焦虑	出席场合之前的很长时间里你都颇为焦虑
你开始发言，焦虑迅速减少	你开始发言，焦虑有增无减
即使你颇为焦虑，并为此烦恼，但你继续发言	你的焦虑可能会达到难以控制、让你恐慌的程度，你不得不离场
你的介入结束之后，你备感轻松	你的介入结束之后，你备感羞愧
接着你很快就会恢复	接着你感觉透支
如果你常常有机会在同样的场合下发言，你的焦虑会逐渐减少（“适应”）	即使你常常在同样的场合下发言，你的焦虑依然丝毫没有减少，反而增多了（“致敏”）

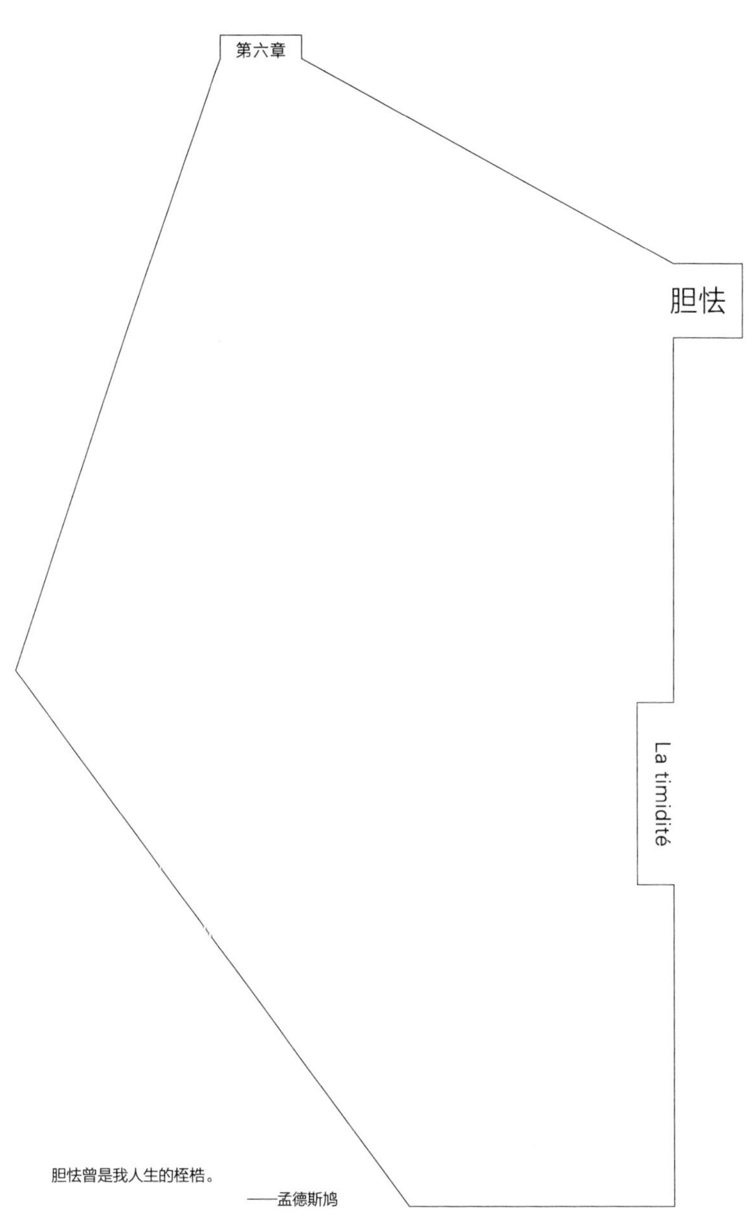

第六章

胆怯

La timidité

胆怯曾是我人生的桎梏。

——孟德斯鸠

有一天我在广播里听到您说话了。我告诉自己您可以为我做点什么，我希望自己没有取代比我病得更为严重的人们，他们最终也是更需要帮助的人。您瞧，我很胆小。我很清楚这不是病，但我觉得因为这个原因我的人生错失了很多良机。所以某些时日，我会问自己：倘若障碍如此严重，如此耸人听闻，我终将深受其害，那么我希望您能够帮我稍稍做些改变……

戴安娜五十来岁，是一位五官端正的标致女人，衣着朴素、高雅。脸上始终挂着微笑，说话的语调平静、温柔。她在讲述她的人生时，有策略地陈述了自己的问题。也许为了不浪费医生的时间，来之前她就已经“复习”过了……戴安娜曾是一个胆小但很有教养的小女孩，出生于外省的优越资产阶级家庭。

即使时间久远，但我依然记得，我总是很害羞、很胆小。父母把我叫作小灰老鼠，我觉得他们从来没有为我的胆怯而担心过。但凡聊到这个话题的时候，他们总说我会渡过这一关的。而这个话题一般因我的小学或中学老师而起。因为我的父母会回复老师说我在家里，还有和亲人在一起的时候很自然。的确也是这样，于是老师们也不会为此再担心些什么了。他们只是在学生手册上写下：品学兼优，但是不参与任何口语活动。我记得很清楚，老师们的每一个问题，我总是会想到很棒的答案，但我想，在我的一生里，我从来都没有举过手。而去看医生时，也是一样的情形：他们会问我是否在学校里学习优异，知道情况后，他们自己也说我长大后就会好些了……

我的父母并不胆小，但我现在明白了，父亲可能有一点儿缺乏自信。他的烦恼从来不会干扰别人，他总想独自解决问题，不愿意惹人生气，也不会提高音量说话……我遗传了他的保留态度，以示明智和成熟。然而事到如今，我却心生疑问。我不禁问自己：他之所以有这样的态度，是不得已而为之呢，还是在忍气吞声？

戴安娜的母亲是个唠唠叨叨、让人感觉压抑的人，她几乎不能忍受孩子们的反驳，所以她很少让孩子们说话；有外人在场时，也不给他们机会表达意见。在戴安娜看来，母亲更爱她的两个哥哥，而给予她的却是个乖乖女的角色。她只要待在自己的位置上就好，无须表现。她眼里的大哥几乎没有任何胆怯的问题，而大她一岁的二哥也只是稍稍有些胆怯。

> 当我还是孩子的时候，我总是在游戏中扮演配角。我的女朋友们对她们自己更有自信，她们总是扮演主角，而我，却只满足于当一些心腹或配角，甚至是没人想要扮演的角色，比如祖母、女巫、坏女人等。我擅长于担任女主角忠实朋友的角色，不多言语，总是充当人肉背景……只要别人接受、认可我，我就会放弃自己的主张而促成他们的想法。
>
> 而今天，我却迷失了，我情愿用一点时间来圆满解决问题而非向路人问路……在工作中，这个问题也影响到了我的升职。领导们告诉我，我具备工作要求的所有优点，但最终他们总是把工作交由别人来做。而我，就我个人来说，在我人生中的整整一段时期，我倾向于逃跑或者避免承担责任。当我醒悟的时候，为时太晚，我的人生已停滞不前。就是这样的，这就是生活。我总是对自己说天性如此，我的感情生活也一样被错过了。我一直都害怕男人。少女时代，只要对方一个眼神或和我聊一回天，便足以让我坠入爱河数月或数年。我甚至会爱上一张照片，因为我明白倘若遇到真命天子，自己是不可能说出一句话的……

对于情感我从来都不敢去做、去说，于是我只能胡思乱想或写信，这些信件却从未被寄出。迷恋我的男人不是我所中意的，而我喜欢的却对我避之不及；假如他们想走近我的话，我便逃得远远的。

我有时感到愤怒、挫败和不满。我对自己和别人都生气。有的人想树立威望，不尊重那些脆弱、避让的人，我希望自己可以尖锐地回应他们，或者对自己信心满满，成为大家喜欢的人。但很快我就醒悟了，最终回到现实。说到底，我的生活并不茫然，我安然地活在自己的小世界里，却日渐消沉。大家喜欢我，因为我还是我自己。我没有打扰任何人……

胆怯是什么

类似于“压力”这个词，“胆小的”这个词语涵盖了人生百态，它用来形容那些胆怯、内心惧怕、缺乏自信和胆量、社交谨慎的人，这个词在18世纪已广为流传。接着“胆怯”出现了，用来指当事人在他人在场的情形下，可能感受到的各种不适。直至今日，胆怯仍然没有统一的科学定义（或者应该说它的定义很多，人们已经为其做出了二十多种定义）。然而，我们还是要为一种特别类型的社交焦虑症保留这个说法，它所表达的是一种持续、习惯性的方式，具有表达出来的倾向。遇到新场合时，当事人虽然意欲和身边的人有所交流，但仍会故步自封、避免主动。

胆怯所反映的是，他人在场时，当事人的内在不适及外在笨拙的双重状态。训练在病态的社交焦虑症表现下更能适应的能力并不在此范畴内。

胆小的人害怕什么

胆怯长久而持续。胆小的人培养出一种在诸多社交场合里以压抑为特点的生存方式，因此，他尽可能地每次都逃避这些场合。他尤其害怕“第一次”，然后他的焦虑会慢慢减缓；然而病态的社交焦虑症却与之相反，焦虑渐渐上升。这就是为什么胆怯不能被视为疾病：与社交恐惧症不同的是，胆怯通常在一段自发压抑期后逐渐适应。[1、2]“我呢，我所胆怯的是，一切都是新的，无法预料或不期而遇。”一位患者说道。

什么让人胆怯呢？陌生人（70%），异性（64%），当然也包括让人惊慌的场合（这在情理之中），如当众发言或直面一大

---

1 André C., *La Timidité*, Paris, Presses Universitaires de France, 1997.

2 Turner S. M. et coll., «Social phobia: relationship to shyness» , *Behaviour Research and Therapy,* 1990, 28, pp. 497–505.

群人（73%）、置身人群之中（68%）、估计自己的身份低于对方或者感觉自己的级别或其他低于对方（56%）。[1]

人们在某些情况下感受到的不适，与惊慌相距甚远，我们常常在社交焦虑症的状态里遭遇惊慌。胆怯的人甚至还可以选择某种形式的提前离场：有众多表演艺术家或记者为证，后者讲述了他们是如何克服自身的胆怯，因为他们选择的职业让他们不得不去面对让人焦虑的事情。一天，我们很吃惊地看到我们以前的一位患者出现在电视上，他最终选择了直面自己的胆怯，成了一个大受追捧的电视剧演员。坦白说，他成功地摆脱了困境，即使仍然没有摆脱命运——他扮演的是一个胆小的左派人物……

说到底，对于这些曾经胆小的人，外在的胆怯演变成了内在的。他们依然觉察到这种情绪的存在以及每一个胆怯之人的担心，但是他们有办法掩盖自身的自始至终的不安。克里斯蒂娜·奥克朗（Christine Ockrent）于1995年，她人生中的某个夜晚，访问了共和国的总统弗朗索瓦·密特朗，后者亲口承认自己曾经是一个胆小的人。这段访谈内容后来发表在《快报》杂志上。[2]

“在这本书里，您谈到了您的胆怯。”

“是的。”

---

1 Zimbardo P., *op. cit.*

2 *L' Express*, 6 juillet 1995, pp. 30–35.

“它是如何表现的？”

“嗯，坦白说，它不表现出来，直至我恢复自由，也就是说在经历了战争之后，我都不能在众目睽睽之下，明白无误地说话。”

“可您年轻时还在小树林里朗诵过呢！”

“是的，我想象自己面对着听众。”

“现在呢，还会胆怯吗？”

“要做公开宣言以前，我依然怯场。直到最近这段时间，我总是会在几分钟的时间里担惊受怕，这是一种交际障碍。我想说的是，多亏了战胜某种职业习惯的意念，我才能恰如其分地把握自己的天性……”

胆怯如何表现

你胆怯吗？要了解这个，就得知道当你介入社会的时候，会产生大量有特征的行为信号。某项以大学生人群为对象的研究拍摄了人们和一名试验者对话的过程，接下来独立的观察家们对录像带进行了分析。显然，胆怯的人沉默寡言，过于吝啬微笑，而且不看对方的眼睛，回答问题或重新说话用时较长，在他们的演讲中，沉默的时间更为频繁。[1]研究者们发现他们

1　Pilkonis P. A., «The behavioral consequences of shyness» , *Journal of Personality*, 1977, 45, pp. 596–611.

鲜有模拟和表达的声音。一名受访的小学女教师叙述了她辨认胆小孩子的方法：

“我怎么辨认他们呢？如果我在课上对他们提问，他们要么嘟囔着回答，或是声音完全被卡住了；要么不回答。他们的朋友很少，他们有运动障碍，在宽阔的空间里很少移动。一个真正胆怯的人是很有画面感的：如果他的铅笔断了，他会将其藏进抽屉里，半小时后才敢承认他的笔芯断了……”[1]

路易十四时代胆小之人的形象

道德家拉布吕耶尔（La Bruyère，1645—1696）因其作品《品格论》（*Les Caractères*）而为人们所熟知。这是一本格言集锦，也是一幅百态众生相，里面的心理描写细致入微。在这些肖像当中，他描绘了Phédon的形象：[2]

他看起来像个傻子，思维怪诞……

他忘记说他所知道的，或是他所熟悉的事情；偶尔他会说说，但也是胡言乱语，他以为自己能左右对方……

他走路时眼睑低垂，不敢抬头看路过的人……

要是人们看着他，他便后退：他不会占据某个地方，更不会把着

1 *L' Événement du jeudi*, n° 471, 1993, p. 61.

2 *Caractères*, VII, 83, VI, in *Moralistes du XVIIe siècle*, Paris, Laffont, collection Bouquins, p. 783.

位置；他行走时双臂紧贴身体，眼睛被帽檐挡住，别人完全瞧不出来他是谁……

有人请他坐下时，他只挨着凳子边儿坐，交谈中他声音很小，吐字也不清晰……

他只在回答问题时才会开口……

相反，胆小之人在一个熟悉的地方会表现得体，所以，胆小的孩子和他的父母及关系亲近的人在一起时并不胆怯。[1]而且，我们常常发现离开令人紧张的场合后，胆怯的人其实具有良好的社交能力。这也解释了为什么有的人在不知道谁是他们身边的人以及同事的时候会胆怯：他们并非想故意隐藏其障碍，只是有熟悉的人在场时，那些陌生的人就变成了隐隐约约的背景，直至某日外界的某个场合才又让他们重见天日。

总而言之，胆怯的人在日常生活中主要会面对两类场合：要么是他们主动争取人际关系，要么他们本人被引导着说出自己的情绪。埃米尔在他的私人日记里这样写道："我身上有种隐秘的生硬，它会透露我的真实情绪，说些让人开心的话。它只要一出现，我便被抛弃了。每次，我都忧心忡忡地观察到这种愚蠢的保留。"[2]

---

1 Stevenson-Hinde J., Hinde R. A., «Changes in association between characteristics and interactions» , *in* Plomin R., Dunn J. ed., *The Study of Temperament: Changes, Continuities and Challenges*, Hillsdale, N.-J., Erlbaum, 1986, pp. 115-129.

2 Amiel, *Journal intime*, Genève, Georg et Cie, 1897, t. I, p. 152.

我们看到，胆怯的人也是能够意识到自己状态的人："胆怯的人明白事理，又或许因为本能的隐约提醒，他在既定的场合里，竟说不出该说的话，做不出该做的事，甚至连该有的态度他也没有表现出来，他避免出丑。当然倘若你不讨厌这个通俗的戏剧暗语的话，我们也可以说他避免犯错。"[1]

胆怯之人的优点

与胆怯相关的优点不胜枚举，我们常常见到胆怯之人聆听别人心声并达到情感同化。他倾向于有所保留的态度经常使他成为特别留意别人、观察别人的人。他担心对方，因为对方些微的恼怒或紧张都被他看在眼里，他是其精神世界的领悟者。

职场中，他的慎重及想把事办好的意愿经常被领导所赏识。他希望得到别人的爱戴及欣赏，于是他成了关注同事们需求的人，不时准备牺牲自我而接受一项心生厌恶的工作任务或是在最后关头伸出援助之手。

在上述话语中，需要强调的是：较之社交焦虑症患者永远惧怕的被排斥感而言，胆怯之人想要被人欣赏的意愿并不令他焦虑。

1 Sarcey F., *Revue Bleue*, 20 juillet 1895.

在我们的社会里，胆怯之人是善良的化身，他们自有其优越感：他只要管好自己，不影响别人，就会得到器重。如果胆怯之人是一名女性的话，这种优越感就越发明显。我们的传统观念看重与胆怯并存的特点，它们是用女性的方式来解读的，例如：温柔、关心、谨慎、保留……何况，若要在男女之间进行对比的话，胆怯会使男性更为难堪。所以因为胆怯而前来咨询的常常是男性。我们的社会更喜欢挖掘胆怯女人的魅力（特别是在她们年轻又漂亮的时候），但轻视胆怯的男性。

胆怯的痛苦

胆怯不是疾病，却也离障碍不远了，它严重干扰了当事人。因心理问题而来咨询的人中，有50%～70%认为自己是胆怯的。[1]胆怯类似于社交恐惧症，但发作频率比后者低，胆怯似乎与潜在的极其复杂的心理状态有关，如消沉、酗酒。胆怯之人有时会自我贬低，认为难以表达是因为自身智商低下、知识贫乏。其实，胆怯显然只关乎心理问题而非文化问题，拉罗什富科就曾说过："自信是对话的供养，而非思想。"

本杰明·孔斯坦（Benjamin Constant）用很可悲的语气描述

1 Pilkonis P. A. et coll., «Social anxiety and psychiatric diagnosis» , *Journal of Nervous and Mental Diseases*, 1980, 168, pp. 13–18.

了胆怯："我形成了一个习惯，不再谈论我负责的事情，只有不得已时才会交流……我仍然不知道胆怯为何物，然而这种内心的痛苦却一直和我们形影不离，直至我们年老。它抑制着我们心灵里最深刻的印象，冻结我们的话语，并歪曲我们口中所有想说的话，只用模棱两可的词语或多少带些苦涩的挖苦让我们去表达。仿佛我们要对自身的感觉报仇雪恨一样，即使痛苦，也不能让人知晓。"

感情世界尚且如此，胆怯之人在社交、职场生活中也常常错失良机。胆怯之人似乎结婚都很晚，生孩子也很晚，因为胆怯的缘故，他们的工作起步也较晚。胆怯的女性同样如此，她们的障碍似乎将她们封闭得很严实，较之其他女性，她们一直在担当着家庭主妇或者传统女性的角色，并将自己奉献给了家庭，而很少顾及自己。[1]但这并不会阻止胆怯的女性取得辉煌的成就。她们之中不乏政界要人或商界名流，某些影视界的明星皆为胆怯之人，她们也坦然承认。演员雅克·维列雷（Jacques Villeret）如是说："在我的职业生涯里，胆怯并非障碍。当我站在舞台上的时候，胆怯没有对我造成干扰。"[2]

无奈胆怯时常让人孤独。[3]胆怯之人的难题在于为自己构建一个称心的人际关系网，并将其转换成某些商业运作最终达

1 Caspi A. et coll., «Moving away from the world: life course patterns of shy children», *Developmental Psychology*, 1988, 24, pp. 824–831.

2 *Top Santé*, n° 53, février 1995.

3 Jones W. A. et coll., «Loneliness and social anxiety», *in* Leitenberg, *op. cit.*, pp. 247–266.

到的完美目标。一项针对旧金山的妓女们所做的研究指出，她们的客人中60%皆为胆怯之人。我们不妨设想一下，如果婚姻介绍所的多数客户都是勇猛之士，那么这个机构该如何存活呢？所以，对于追求生活质量以及渴盼达成各类交流的商家来说，确实存在一个真正的市场。

全世界的胆小鬼，团结起来

胆怯是一种尤为常见的障碍。最近的一项调查显示，将近60%的法国人认为自己是胆怯的，51%的人承认有点胆怯，而7%的人说自己很胆怯，[1]而且，这个数据也是大多数西方国家的情形。40%的美国人认为自己有习惯性的胆怯；90%的人则承认会偶尔胆怯。[2]对于2岁的孩子而言，15%的西方孩子有让人联想到胆怯的行为。[3]而对于8～10岁的孩子而言，将近30%的孩子会被他们的父母看作是胆怯的。即使是这些数据可能与社交焦虑症的其他表现形式混淆在一起，但胆怯出现的频率仍是最高的。

总之，胆怯出现的时间很早，似乎在童年时期甚至在婴幼儿时期就会有所体现（而社交恐惧症开始的时间要更晚一些，

1 Sondage IFOP avril 1992 pour *Top Santé*.

2 Leitenberg, *op. cit.*

3 Kagan J., «Temperamental contributions to social behavior» , *American Psychologist*, 1989, 44, 4, p. 668.

通常始于青少年时期）。人们常常自主更正胆怯行为，或是借助某些特殊时刻、邂逅及经验将其改善。很多人都说运动及职场的成功让他们找回了自信。这一系列本能的变化，也可能是因环境及身边之人的帮助，但真正的原因还不为精神疗法医生所熟知。或许未来的研究会倾向于此。

胆小鬼还是社交恐惧症患者？做出自我诊断

胆怯	社交恐惧症
害怕不为人知	害怕遭受侮辱或攻击
渴望被人接受	希望被人遗忘
开始的时候表现压抑，随着交流的进展而变得相对自在	即使一直交流都不能自如以对。相反，越是熟悉，就越害怕被对方看穿
社交场合中的不适	社交场合中真正的惊慌
他人评价其社交表现乏善可陈后感觉失望	他人评价其社交表现乏善可陈后感觉羞耻
交流的意愿甚于失败的惧怕	羞耻的惧怕甚于交流的意愿
社交中深感不适，压抑自己，观察别人	社交中深感不适，掩藏自身不适，自我观察
对友好、好客的社交态度感到安心（“我需要做出第一步”）	对友好、好客的社交态度感到不适或焦虑（“这样真诚吗？”“怎么做？”）

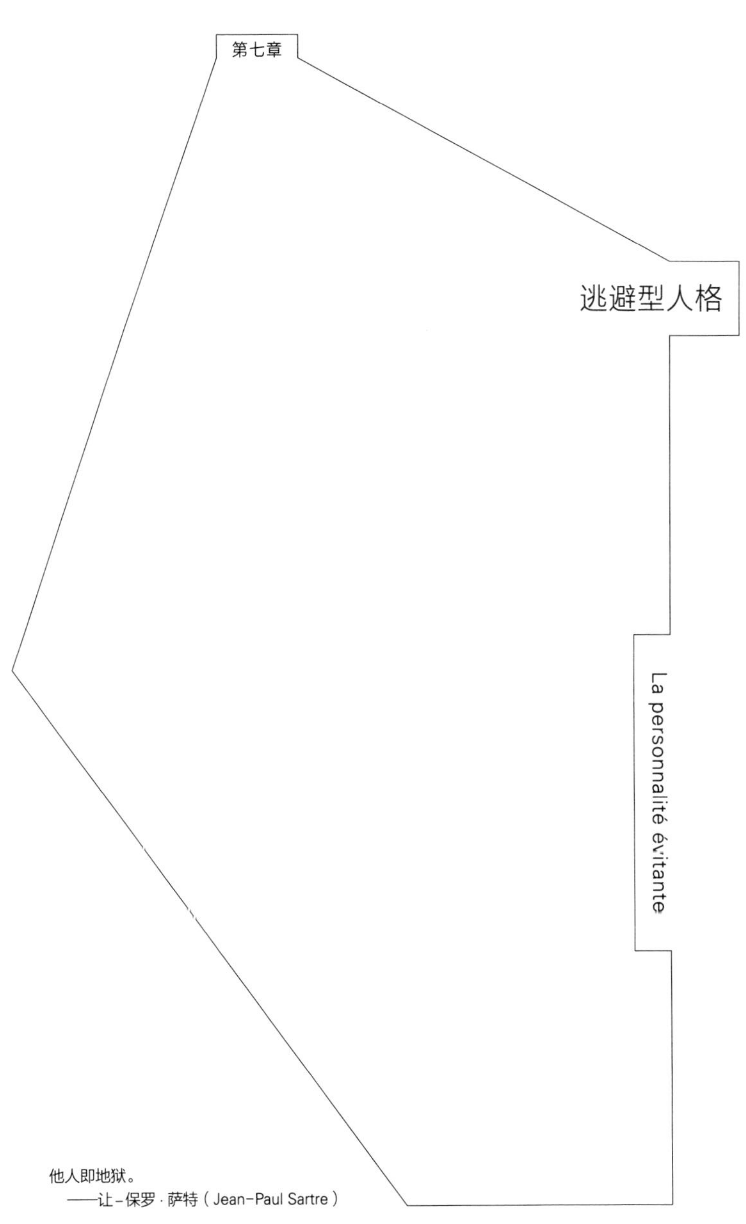

第七章

逃避型人格

La personnalité évitante

他人即地狱。

——让-保罗·萨特（Jean-Paul Sartre）

罗伊克38岁，自咨询开始，他就用低沉、极不平稳的声音说话，和那些沉默寡言、很少谈论自己的人并无二致。

> 我预约来见你们，是因为今年夏天我受到了一点儿小打击，起因是我4岁的小女儿。我喜欢玩滚球，但我从未让自己加入到我们度假的小村庄的广场上其他玩滚球者的行列中去。有一天，我女儿注意到我在看着那些人玩儿，她朝我走来，并对我说："爸爸，你为什么会害怕？那些人不是坏蛋。"当晚我就把这件事和我太太说了，她建议我来找找你们。

我们初次见面的时候，罗伊克试图将他的烦恼最小化："我有一点儿小胆怯，不怎么严重，就是这样的。""我没言过其实，这没有影响到我的生活。”然而这还是妨碍了他过高质量的生活。罗伊克曾经是一个谨慎、保守的孩子，某些时候他喜欢独处，即使他可以和同龄的孩子们一起玩耍。他和母亲的关系很亲近，并深受她的影响。尽管家庭条件不尽如人意，母亲仍是一位性情冷淡、自视甚高的伟大女性。她整整一生都在承受着抑郁的痛苦，为她的孩子们尝尽了生活的酸甜苦辣。罗伊克用一句话总结了母亲给他带来的影响：“我们活在世上饱尝艰辛。”父亲是一个正直的人，但毫无个性。他就职于省政府，完全将教育孩子和家庭规划的重任交给了妻子。作为兄弟姊妹三人的老大，罗伊克从来没有和父亲、小妹妹过深地交流过，他们彼此亲近也彼此喜欢，但是对于共同计划从未有过默契。这个家庭的生活方式很特别。

> 我不记得见过父母在家里接待朋友。事实上，他们很少接待朋友。我们偶尔会邀请几位家族成员到家里来，仅此而已。我们的屋子如同一个微型的封闭世界，壁垒森严地与外界隔绝，就算是倾盆大雨从天而降，邮递员或送货员也不会走进家里。而且，只要铃声稍微响起，都会引起类似于战争前的骚动。大家得安静观察，我父母中的一方会踮起脚尖看看谁是擅自闯入的人，然后才决定是否需要给他开门。我一想到这些过往，就觉得荒唐可笑。而我却还有这样的条件反射：门铃或是电话铃声响起之前，我总

会隐约地担忧，仿若潜在的危险会突然发生，然后我就消失了……

罗伊克顺利地度过了童年和学校生活，他对这两段时期都没有特殊记忆。他的老师们经常夸他品学兼优，但在口头表达方面很有保留。罗伊克中学毕业后选择了在一所技术大学里进行短暂的学习。他不喜欢和同龄的年轻人打交道，并希望尽可能早地进入职场。渐渐地，他不喜欢出门了，也不爱交际了。他开始谢绝对他发出的许多邀请，慢慢远离了他小小的朋友圈子，除了两个他非常珍惜的挚友——他还和他们有所往来。当我们问他为何如此时，他解释说是因为没有时间。

工作以后，他全身心地投入其中，就在他被指派到一家大型企业的某个办公室里学习的时候，他遇到了他的妻子。“很快我们就相互厌烦了。”他说道。实际上，在认识她之前他都没有过感情经历，他觉得和自己同龄的女孩子都很轻浮、肤浅、务实，而他过着平静、隐居的生活，既不出门也没有社交活动。

和我们见面几次后，他承认职场中的自己是孤独的。他避免和同事们一起喝酒，逃避围在咖啡机旁的聊天时间，也不去过道上闲逛、听那些闲言碎语，他渐渐地脱离了社会，而他又很少会说一些圆滑的话让同事们认可自己。大家觉得他是一个难以相处又冷漠无情的人，一个有点儿讨厌的工作狂人，而且性情孤僻。在公司的自助餐厅里，他也从来不会坐在同事们的身旁，总是选择可以独自一人待着的桌子吃饭。

他和邻居们也没有交流，他认为一旦有互动，就会引来混乱。

> 要是你和别人太过亲密，他们就会滥用这层关系，待在你的家里打发时间，向你借割草机、钻机，不请自来等诸如此类的事情时有发生。而我们什么也不敢说，我们任其为之，然后有朝一日我们受够了，最终以吵架收场。不管怎样，晚上和周末我都感觉疲惫，我想在家里安静地休息，而不是出去见人。

罗伊克总能为他与社交往来保持距离找到绝佳的借口。人们认为他是一个性格阴郁孤僻的人，他的确也在不知不觉中成为这样的人。他终于坦言自己患过两次非常严重的抑郁症，他本该在抑郁发作的时候使用抗抑郁药，但他却借酒浇愁，这也是他最引以为耻的事情。

> 我在参加晚会或会议之前喝酒是想缓解压力。可恰恰相反，我经历了别人没有经历过的事情，酒精既未让我变得性格外向，也没有让我如鱼得水；它只是缓解了一点儿我的焦虑，使我不至于太尴尬。饮酒后，我总是待在角落里，但情

绪放松后，我可以做到和别人进行眼神或言语上的交流……

他好像对酒精很失望，因为酒精没有让他像别人一样自在、放松，或者解除压抑。

> 我想成为人人喜欢、善于社交、光彩夺目的人，而事实上我却茕茕孑立，形影相吊。人们不会靠近我，也不会想起我，这让我颇为痛苦。他们不会违背天性，我对他们感到失望，无论如何，我就是这样认为的。我害怕人们看穿我的内心，我惧怕所有靠近他人的动作，因为我觉得别人会看透我的行为。而且我知道如果无法靠近他人的话，大家就会排斥我。如果人们取笑我，即使不那么明显，我也会沮丧至极。可我已经38岁了，我的孩子们正在成长，他们会读懂我的行为，我不想他们成为和我一样的人。

绝对是一种病

这一次，我们的确面对的是社交焦虑症的病态表现，精神病学教科书里也有相关描述。和其他逃避型人格者一样，[1]罗伊

1 Turner S. M. et coll., «Social phobia: a comparison of specific and generalized subtypes and avoidant personality disorder» , *Journal of Abnormal Psychology,* 1992, 101, pp. 326–331.

克身处社交场合中便会感到极度不适，他害怕别人的负面评价，他很容易因为他人的指责和批评而受伤。除了父母之外(这是最起码的)，他几乎没有可以吐露心声的亲密朋友。他有所保留地和他人相处，不太相信别人会喜欢自己，他避免出席重要人物在场的社交及工作活动。他慎重地在社会中生存，常常害怕说出不合时宜的话或是蠢笨的表达，害怕不能回答问题；他也害怕因为脸红、哭泣及当着别人的面表现出不得体的行为而狼狈不堪。更何况，他高估了潜在的障碍，身体或日常活动引起的危险并不在他的掌控范围内。

罗伊克的病例清晰指出，他的人格非常完整。[1]他生活、思考及行为的方式均受到对他人惧怕的影响。罗伊克为自己建构了一种生活，他可以逃避引起他焦虑的场合，他也做到了。然而他却为此付出了巨大的代价。

控制下的生活

这首先需要当事人提前付诸努力，因为他对外界的每一个回应都意味着曾经精心研究过潜在的危险是否不会隐藏在场合里。像罗伊克一样的人，他们的创造力是无穷的，他们总会设

1 Herbert J. et coll., «Validity of the distinction between generalized social phobia and avoidant personality disorder» , *Journal of Abnormal Psychology,* 1992, 101, pp. 332-339.

想危险并设法避开，于是他们会拒绝晚会的邀请或是领导提议的商务旅游。

我们的一位女病患对每次接受的邀请都进行过深入的调查，以便了解谁将会被邀请。她有时甚至会去打听宾客座位的确切安排，只是想确认她不会坐在陌生人的旁边或是其对面……如若真的如此，她就会以各种不同的托辞拒绝赴宴。正因为这样，她才去参加一个表兄的婚礼，因为她认识大部分客人。入座的时候，她发现负责安排座位的叔叔故意将陌生人和熟人的座位混在一起了。他想避免熟人的私下交谈，并希望客人们彼此认识。对于我们这位年轻女子而言，这是何其“幸运”！她开始寻找合理的借口，想要逃避婚礼仪式。没有人不尊重叔叔的精心安排，但大部分宾客情愿坐到朋友或者亲戚身旁。

一直辩解是逃避型人格者为逃避令人焦虑的场合所要付出的代价。我们的另一位患者拒绝了好几次职业晋升的机会，因为晋升意味着搬家及频繁的出差，他每次总以妻子为借口推辞，然而妻子却对此一无所知。这类游戏玩多了，当事人很快就会失去主动性。每一个稍微有些风险的场合都会很快变成可怕的考验。更糟的是，我们也会因条件反射而没有了活动或失去了社交关系，而这些都是我们心底深处想要和需要的。这就是瑞士作家埃米尔（Amiel）在他的《私人日记》（*Journal intime*）里面所描述的悲惨画面：“事实上，我总是逃避吸引我的事物，我内心很想靠近，却偏偏转身离去。”

残忍、不公的世界

逃避型人格者为了留在他们墨守成规、严加保护的小世界里，不仅成了人们公认的辩解达人，也是将这种态度合理化的能手。他们不会自我批评，反而情愿一直制造合理的托辞，只为证明他们如此行事的原因并非空穴来风。他们会以疲劳为由（“我太累了，不想出去了”），以不感兴趣为托辞（“这种晚会很无聊”），或是以别人为借口（“他们对新来的同事反应冷淡”）……司汤达在他的日记中写道：“这些蹩脚的借口竟然成为了惧怕一切的理由。”埃米尔则强调：“过度训练思维几乎剥夺了人的自主性、冲动和本能，甚至也会使勇气和信心丧失殆尽。而不得不行动的时候，”他写道，“我看到的只有错误、忏悔的理由，潜在的威胁和掩饰的忧虑。”

总而言之，人们宁可告诉自己是因为“我不想”“我不能”或者“这不值得”，而不是“这让我感到害怕”，因为前面的话显然会让人心安理得。只是，这也是所有风险的源头：人们用遗忘来终结真正的问题，并赋予其更多的常见理由。这就是为什么我们有时会见到一种哀怨、苦涩、愤世嫉俗的解读世界的方式。因为害怕靠近他人，害怕动摇自己深信不疑的小原则，人们最终告诫自己，他人是不可信的。他们并不为此而欢欣，却避免了每一次都去质疑和意识问题。既然这样做没有意义，为何要去改变呢？人生于世间却发现百无聊赖，而别人也没有什么意思，于是故步自封。只可惜，这个策略并没有为他们谋得福祉，因为他们是不得已才选择了孤独。正如埃米尔所说：“我既不能独处，也不能交际。”

显然，如果保护系统渐渐被缺点所取代，或是不再运行，那么当事人也会面临崩溃的境地。离婚或孩子的离家出走都不可能让他们去反省夫妻关系、家庭关系。当某一外界因素从天而降的时候，他们也一样陷入崩溃，比如，他们不可能总是拒绝工作上的调动。

逃避型人格者尤为谨慎、神秘，而且这样的人可能比我们想象的还要多。[1]逃避型人格者患病的概率尚不为人知，研究者认为这种人格类型的人接近总人口的1%，[2]将近50%的逃避型人格者患有社交恐惧症。[3]我们要强调的是，对于某些研究者来说，逃避型人格的特点其实只是社交恐惧症的一种常见表现，而因为焦虑，这种表现将会制造越来越多的逃避。[4]如果任其发展数年，焦虑症便会让位于逃避。然而这种变化绝妙地解释了对他人的惧怕如何变成痛苦的戒备以及对同类排斥的担心……

---

1 Jansen M. et coll., «Personality disorders and features in social phobia and panic disorder» , *Journal of Abnormal Psychology,* 1994, 103, pp. 391–395.

2 De Girolamo G., Reich J. H., «Personality disorders» , *World Health Organisation*, Genève, 1993.

3 Faravelli C., Zucchi T., Viviani B. et coll., «Epidemiology of social phobia: a clinical approach» , *European Psychiatry,* 2000, 15, pp. 17–24.

4 Holt C. S. et coll., «Avoidant personality disorder and the generalized subtype of social phobia» , *Journal of Abnormal Psychology,* 1992, 101, pp. 318–325.

逃避型人格者还是社交恐惧症患者？做出自我诊断

逃避型人格	社交恐惧症
将逃避合理化："我逃避是因为我不想、这不值得、我很累"等	对逃避表达负罪感："我逃避，我不应该，可我觉得自己无法做到，我不是那么能干，我很惭愧"等
归咎于外界："这是别人的错，他们不热情、开放、包容"等	归咎于自身："这是我的错，我没有做出努力，我很情绪化，我只顾着自己"等
很少为自身的社交焦虑症寻求帮助	若被告知患有社交焦虑症，会寻求帮助
对自身的社交焦虑症意识模糊	因自身的社交焦虑症而承受痛苦，并对此有清醒意识
自我调节的社交焦虑症："我就是这样的"	自我张力障碍的社交焦虑症："我不想这样"
鲜有朋友，不会勉强自己出去	有几个朋友，愿意主动出去

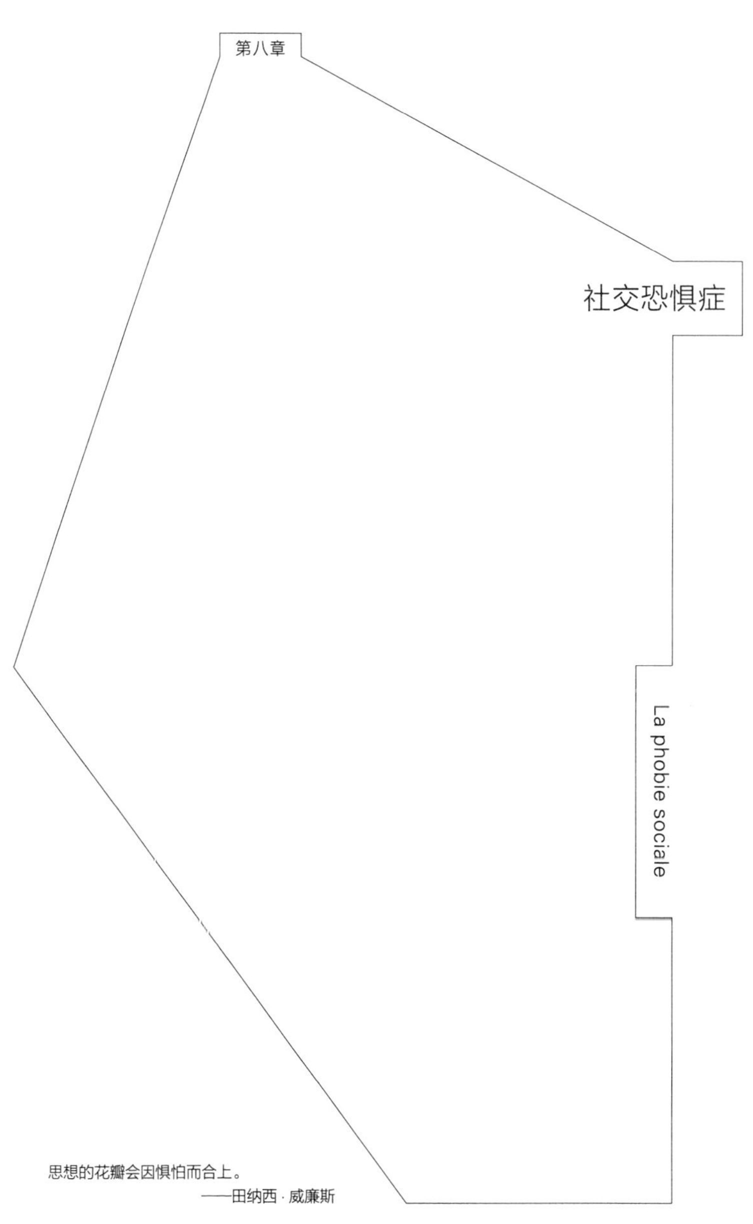

第八章

社交恐惧症

La phobie sociale

思想的花瓣会因惧怕而合上。

——田纳西 · 威廉斯

桑德琳娜，28岁，来找我们咨询前她患有严重的抑郁症。她的医生在为其治疗抑郁症期间发现她还患有社交恐惧症。

> 我不知道这种状态应该去治疗，我一直以为这是胆怯的表现，是我的天性。

除了两三个同事、几个朋友和家庭成员以外，她只要一想到和陌生人见面就会焦虑。就算是每次出去或者计划什么事情，都足以让她焦头烂额。她经常出入大型商场，避免去小商铺，这样就不必和店铺老板们聊天了。她每次都尽可能地避免和邻居们乘坐电梯，她会放慢脚步。要是邻居们偏要等她乘电梯的话，她就故意不关信箱，做出读信的样子。她谢绝那些重要晚会的邀请，因为她不认识晚会上的所有来宾，此类事情举不胜举。

只要一提到所有这些场合，我就会觉得自己病了。可奇怪的是，以前我不是一个胆怯的孩子，老实说我从前很喜欢说话，性格也外向。可我也一直都是个忧心忡忡的小女孩，总找不到位置，在我的内心深处，总害怕别人不喜欢、不接受我。现在我看到问题所在了……

作为一个对一切都充满了好奇的好学生，桑德琳娜在父母的鼓励下很小就开始进入学校学习。

我父母属于随时处于极度紧张的人，这是我们家族的传统。母亲和我一样，胆怯至极。除了购物、送我们上学以外，我很少见她走出家门。她总是宅在家里，全身心放在丈夫和孩子身上。虽然她从来不表白，但她是爱我们的，甚至爱得深切。就像人们说的那样，她甚至让我们有点儿喘不过气来……

桑德琳娜的父亲是个难以相处的人，虽然默不作声，却性情暴戾。他只要一干预家里的事情，众人心里都会打鼓。无论心情怎样，他绝不挂在脸上，家人很少听到他的鼓励。

我记得只有一次看见他的狼狈之态。我们全家进城购物，却与他的经理——一家大商场的柜台经理——不期而遇。我眼里的他突然成了一个阿谀奉承、低声下气、卑躬屈膝的人。对方每次话音一落，他立马回应：“是的，先生。很好，先生。”接着他的老板离开了，但全家人的内心似乎瞬间被震动了一下，我们所有人安静地看完了刚才的一幕。在一两秒的时间里，他完全没有反应，他本该利用这个时间重新担起父亲的角色的。而我们却在这段时间里看到了他的缺点，老实说，是猜到了他的缺点。其实我已经忘了这件事，只是现在和你们谈起往昔时，我才回想起来。

桑德琳娜几乎是愉快地度过了小学时光，然而到了高中，她开始觉得难熬了。班里的同学很分散，和诸位老师的交流也不顺畅，她甚至还没来得及去适应他们。所有这一切都让她六神无主。她只交了屈指可数的几位新朋友，然后开始沉浸在自己的世界里。她不停地抱怨腹痛、头痛，但这两种病痛缘起何处，医生们毫无头绪。她向一位医生吐露了自己作为高中生的悲哀，后者向家长提议为其换所学校，可是她父亲却持反对意见。

最后，我几乎没有了那几年的记忆，只是觉得心烦意乱。后来，荒唐的焦虑还有可笑的惧怕慢慢出现了。我一直试图无视它们的存在，但人们的目光让我越来越不自在。

我真真切切地觉得难受，我像所有度过青春期的孩子们一样不喜欢自己，而且比他们还要过分。终于有一天，该发生的发生了。开学后没几天，在二年级的课堂上，我被一个喜欢折磨人的物理老师叫到了黑板前。他当着全班同学的面嘲笑我，我不知道自己该在哪里，也不知道该说什么，我越是狼狈，他就越要讽刺我。我觉得这一幕似乎持续了数小时。全班同学哈哈大笑，老师也在冷笑，他为自己所表现出的“幽默”而感到愉快。我则什么都不敢看，直至那一日结束。晚上我回到家里哭了好几个小时，母亲不知如何是好，把医生也唤来了，可我什么也不想对他说。他们以为我怀孕了，我完全被吓傻了。第二天，我拒绝去上学，并在家里待了两周。当我返回学校的时候，完蛋了，我在班级里彻底地被边缘化了。中学时光对于我来说是陌生的。特别是，以后无论去了哪里我都不再有安全感了。只要和别人在一起，我都会觉得危险，我说的是我觉得别人在嘲笑我，这随时都有可能发生，不管是谁看我的眼神都极尽挖苦之意……我认为我的痛苦就是从那时——我生命中的这个秋天，开始的。从那时起，痛苦开始了，直至今日，我仍然因这种痛苦而负重前行。

她的痛苦日益严重。即使在口语考试中她也几乎三缄其口，尽管她还是顺利地拿到了毕业证书，但念大学的那几年成了她的受难期。在大学里，她总是贴着墙走路以免被别人看见。到了最后，她对父母和亲友掩藏着自己的痛苦，后者却未曾因为她没有朋友、没有约会、周末或假期的不回家担心过些什么。

> 我自己也不完全清楚我在怕什么……但我很清楚，别人的目光令我害怕。几乎在任意一个场合里，或至少每次人们发现我的时候，每当我不得不表现自己、被人们认识的时候，我都害怕。即使是一些鸡毛蒜皮的小事，比如，签支票、打听消息、告诉理发师我想要的发型……我都难以应付。为了与焦虑和平共处，我竟然使用了一些令人难以置信的策略：绕道而行、编造借口，我于是成了一个躲闪女王……但我累了，我越来越难以面对生活。

最艰难的是她来咨询的过程。她十次拿起电话听筒，每当电话铃声响起第一声的时候，她就会挂断；预约成功后，她又差点儿从候诊室抽身离去。

> 我很害怕浪费您的时间，我害怕您告诉我：亲爱的女士，您的病没什么特别之处，如果就只为解决您小小的思想烦恼，实在不必大动干戈……

最严重的社交焦虑症

社交恐惧症或许是社交焦虑症诸多症状里最耸人听闻和最令人无可奈何的。某些时候，构成社交恐惧症的基础机制在我们每个人身上都是相似的。那么它和其他症状的区别在哪里呢？社交恐惧症何以成为绝对的疾病呢？

恐惧症是由某些场景造成的惧怕，它具有强烈、没有理由、难以控制的特点。对于恐惧症患者而言，麻烦就在于，只要一想到面对他害怕的对象，他便会用逃避来安排生活。所以，真正的恐惧症和单纯的害怕是以焦虑反应的强烈程度和逃避的策略来区分的。你不喜欢蜘蛛，而且这种动物会让你觉得难受。假如你必须在一座老房子里过夜，你知道里面住满了人，而且还有各种各样的爬行昆虫。你在床单上看到了一张蛛网，并消灭了离拖鞋最近的那只蜘蛛，然后，你安然睡下了，就像什么都没有发生过一样。那你就只是单纯的害怕。但假如你有蜘蛛恐惧症，那么只要一见到毛茸茸的触角从房梁上露出来，你就会昏厥过去。接着，在没有调查过是否有昆虫，没有要求朋友在家里、谷仓里、屋子周边大量喷洒杀虫剂的情况下，你绝不会再接受邀请去他乡下的家里度周末……

对于社交恐惧症来说也是一样的。若你有时必须在众目睽睽之下发言，那么你的心里便会敲起鼓；当你被引荐给一位要人的时候，你就会感到十分窘迫。你的这些表现其实是极度恐慌的缓和版本，而极度恐慌会使社交恐惧症患者在被迫面对他人确信无疑的批判目光那一刻起，就痛苦万分。

社交恐惧症是一种较为普遍的疾病。许多国际范围内的研究从目标人群及使用过的检测工具中推论，社交恐惧症的患病率为2%～14%。[1]一个法国研究团队从总人口中进行人群抽样调查，并在最近的一项研究中指出：2%～7%的成人患有社交恐惧症（他们是用严格标准来定义这种疾病的）。[2]一项由全科医生做的调查指出，咨询（无论病人以什么为由）全科医生的患者中有7%患有社交恐惧症。[3]另一项研究甚至表明，不管社交恐惧症是否完全表现出来——哪怕是到了让人手足无措的地步，也不管它是何时介入人的生活的，还是有超过10%的美国人遭遇了它。[4]这种疾病是继抑郁和酗酒之后的第三种精神疾病。然而，它是近期才引起人们的重视的。直至1980年，它才被编进世界使用频率最高的疾病分类学手册里，也就是由权威的美国精神医学学会发布的，享有盛誉的《精神疾病诊断与统计手册》。随着官方对社交恐惧症的高度重视，与其流行病学、治疗相关的研究工作更是成倍增加。诚然，社交恐惧症不同于

---

1 Lepine J.-P., «Aspects épidémiologiques actuels des phobies sociales» , *Journal de thérapie comportementale et cognitive*, 1994, 4, 4, pp. 105-107.

2 Pélissolo A., André C., Moutard-Martin F. et coll., «Social phobia in the community: relationship between diagnostic treshold and prevalence» , *European Psychiatry*, 2000, 15, pp. 25-28.

3 Martin C., Maurice-Tison S., Tignol J., «Les troubles anxieux en médecine générale: enquête auprès du réseau sentinelle Aquitaine» , *L' Encéphale*, 1998, 24, pp. 120-124.

4 Davidson J. R. et coll., «The Boundary of Social Phobia: Exploring the Treshold» , *Archives of General Psychiatry*, 1994, 51, pp. 975-983.

其他心理疾病的表现形式，它更为小心谨慎。它不像精神分裂症或狂躁症一样，让人产生神秘或耸人听闻的行为；它也不同于厌食症，干扰人的身体；它更不会如同妄想症一般，令患者对他人发起攻击；或是像抑郁症一样，使患者伤害自己。社交恐惧症的主要问题在于人们对它视而不见。它宛如乖巧、谨慎的孩子，到了最后，人们却发现孩子既不乖巧也不谨慎，反而意志消沉、压抑自己。

社交恐惧症患者是如何患病的

社交恐惧症患者会长久地害怕一个或几个场合，因为在这些场合里，他们会置身于他人偶然的专注目光下，他们害怕自己做出让人不齿或尴尬的行为来。他们因此而逃避这些场合，或是在进入场合之前便深感焦虑。他们逃避的倾向既影响了工作又干扰了熟悉的人际关系。患者们也承认他们的惧怕言过其实，且不合情理。

人们是可以区分出社交恐惧症的特殊（这是一种人们害怕的特殊场合）和普通症状的[1]。普通症状的社交恐惧症表现为几乎所有的社交来往都会让患者痛苦不堪。而社交恐惧症所谓的

1 André C., Légeron P., «La Phobie sociale: approche clinique et thérapeutique» , *L'Encéphale*, 1995, 21, 1, pp. 1–13.

特殊症状中，长期来看，居于首位的应数当众发言。我们已经描述过社交恐惧症是如何在程度上超越单纯意义上的惧怕的。它引发的后果也更为严重：如果患者的晋升意味着当众发言的概率增加，那么他会断然拒绝；如果做朋友宗教婚礼的证婚人意味着他一定要在教堂或寺庙里念念有词，那么他也不会去争取。普通症状，就像桑德琳娜所承受的那些，则意味着当事人一贯的保留、回避态度，并使其在职场、社交上后患无穷。事实上，人们并不总能区分出普通与特殊病症。[1]治疗医生通常是以患者讲述病情的方式来进行区分的：一名病患尤其抱怨，她只要一面对其他宴会宾客时就不能吃饭，但是在一次详细的询问后，医生发现她还害怕很多其他的场合。只是，它们并没有让她焦虑，因为她总能想方设法抽身离去。

社交恐惧症还有某些极端表现，我们可以把它们统称为“panphobies”（从字面来说，就是对一切惧怕），这是所有社交互动所引起的问题，也指出了当事人束手束脚的生活状态。这些表现意味着社交恐惧症患者已病入膏肓，可能难以治愈这种恐惧。[2]然而有的人依然可以做到完美地避开被人注视、与人对话的场合，这或许有些不可思议。但他们为此付出了沉重的

---

1 Weinshenker N. J. et coll., «Profile of a large sample of patients with social phobia: comparison between generalized and specific social phobia» , *Depression and Anxiety,* 1996/1997, 4, pp. 209–216.

2 Brown E. J. et coll., «Social phobia subtype and avoidant personality disorder: effect on severity of social phobia, impairment, and out-come of cognitive behavioral treatment» , *Behavior Therapy,* 1995, 26, pp. 467–486.

代价：承受着巨大的心理痛苦，人际资源日渐枯竭，他们只满足于在可预见的环境里和认识已久的熟人们交流。一天，我们接待了一位五十来岁的女病人。她一直以这样的方式生活，将自己奉献给了孩子们。她来咨询的时候，孩子们已然成年，离开了家里，于是她陷入了残忍的孤独中。

事实上，社交恐惧症以情绪的强烈程度为特征。临近害怕的场合时，真正的恐惧也就从天而降了。

> 在这样的情况下，我身边的一切都倾斜了。我觉得天旋地转，身体倒立，我好像在漏斗底部，所有的目光都朝漏斗汇集过来。我的心在跳动，好像要从胸口逃离一样，连太阳穴也在跳。我听到的任何一种声音都像被一个巨大的音响给放大了一样。我的手在颤抖，腿也抖得快要站不住了。

陷阱重重的日常

这里说的是置身于压力山大的场合中，机能真实表现出来的因恐惧而产生的预警反应：如被作为人质劫持或是目睹了地震。然而这只是来自乳品店老板娘的目光。对于社交恐惧症患者而言，简单的购物、事情的初步落实都在考验他们。比如，安娜在接受治疗时，在日记中这样记录：

1992年，一起车祸从天而降，我之前的那辆车右翼及右前灯均有受损，正因如此，我不再驾驶它了。尽管保险公司已对车子进行了全额赔偿，但我还是为自己编造了一千个理由不去开它。

结果，一年后，车子已和沉船无异。第一次被警方传讯并未让我付诸行动（只要一想到自己可能还会再次被传讯焦虑指数便急剧上升），车轮两次被人盗走，我仍置之不理（我决定乘坐公共交通工具，而不是购买新车轮）。

尽管有解决办法，但住在郊区，仍旧有些不便。所以我决定购买一辆二手车。然而酝酿了这个想法长达数月，我却一直迟迟未动。直至家人施压，我才开始行动。和售车人员进行交流时，我设法快速解决事情，但很怕提及之前的那辆车，甚至都没有想过用它换钱。修车厂的人答应我会去联系一个专门负责拖车的人。

一周后我去取车，然而车行却还没有准备好交车（我不但没有行使自己的权利，反而向对方道歉，我该等等再来的）。至于之前的那辆车，售车人员说他只是忘记了而已，而我非但没有行使自己的权利，反而为强加给他这样一份工作而道歉。

又过了一个星期，对方这次的理由是材料没有准备好。售车人员告诉我他又忘记了，我回复说不急（这很虚伪，因为我刚刚收到小区业主委员会的挂号信，他们要求我拖走那辆两轮马力的破车)。

到了最后，取车时材料是准备好了，但那个售车人员不在，因此我没法打探到拖车的消息。今天，我收到了一张停车超过两周的罚单，却不能自己设法联系修车厂让其兑现承诺。所以车子一直停着，我还没有找到一家可以免费拖走“沉船”的公司……

还是这名女病患，终于在某天说道：

我总听别人说起当今社会不允许人们像以前一样交流。这种说法极其错误！我在浪费自己的时间去逃避可以和人们交流的场合。我可以告诉您，除非您将时间用在监视自己周围的动静上，否则避开想和您交流的人并非易事。

在他们眼里，每一个社交场合都像是给予了他人对自己做出负面评价、评估的机会。而他们在意别人的评价，所以几乎从未淡定过。

逃避的借口

这就是为什么社交恐惧症患者每次只要一有可能都会选择

逃避的原因。如果小公园广场的鸽子突然朝一位身旁放着大大粮食袋子、刚刚坐下的老奶奶飞来，它们会抖落羽毛，咕咕地叫，翅膀扑腾，场面凌乱不堪，有鸽子恐惧症的人立即会神速地从他休息的长凳上逃得无影无踪；同样，社交恐惧症患者只要发现别人在看着自己，也会马上打道回府。他们一贯的行事风格其实是一种将社交恐惧症与单纯的社交焦虑症区别开来的信号。他们中的大多数人的确在日积月累中失去了面对一般场合的习惯。患者甚至最终相信，如果他没有避开这些场合，后果将不堪设想。

这有一点儿类似路人甲的故事。路人甲一边散步一边朝周围抛撒白色粉末。他的邻居将其抓住，并问“您为何要向空中抛撒粉末？”“为了远离大象！”“可是这里从来没有出现过大象！”“所以我才抛撒粉末防止大象出没。”这种荒唐机制起到了负面强化的作用，行为每次都被强化（它总有机会表现），人们因此而避免了不适感。这便是社交恐惧症患者的情形，他们不仅逃避他人，而且还要给自己找各种逃避的借口。

掩饰和误解

很多社交恐惧症患者给人的感觉是冷漠而傲慢的。这是因为他们在交流场合里深感焦虑和紧张，他们想和他人保持距离，只为了不让别人看穿自己的脆弱无助。所以他们中的一部分人是能够和别人进行交流的，因为他们宁愿被人们当作讨厌的附庸风雅之辈，也不愿作一个病态的胆小鬼。不是有这么一句格言吗？“宁可遭人唾弃，也不当平庸之辈。”我们的一位女患者，天生丽质，却成了名副其实的社交恐惧症患者。她的生活犹如一场噩梦。她曾是身边的男士们想方设法接近和追求的对象。但她害怕他们发现自己患有社交恐惧症，如若有人主动接近，她会痛苦难当。她不知道如何拒绝他们，也不会委曲求全。于是她成了大家眼里的讨厌鬼。加之她模样标致，大多数追求者只能望而却步。最后她嫁给了一个毫无个性的男子，那人其实粗俗无比，但又很聪明，并以惊人的毅力将她驯服。她和他在一起时，不会觉得自己低人一等……在维持婚姻生活的日子里，她渐渐痊愈。当她找回更多自信后，便离开了她的第一任丈夫。

这一机制也可以用来解释许多进攻行为。社交恐惧症患者宁可被误认为是“爱发牢骚”或“蛮横无理”之人，也不愿充当受害者。他们中的很多人甚至试图对亲友掩饰自身的烦恼。一名年轻的女大学生有一个双胞胎姐姐，因为害怕姐姐不理解自己，她从未对其说起过自身的烦恼，而她的姐姐其实也和她一样痛苦不堪；一位母亲从来没有向孩子们承认过自身的烦恼——孩子们在结婚以前，想把大家聚到一起吃一顿饭以便几家人见见面，也就是从那个时候起，她不能再参加有陌生人在场的晚宴，这使她的内心惊慌无比，最终她勇敢地来找我们咨询——这是她犹豫了几个月一直未做的事情；我们还得提到一位年轻人，他以前是个光头仔，极其畏惧他人的目光和评价。但大家一旦认可了他吊儿郎当的样子，他会在某种程度上感觉自己受到了保护，大部分路人害怕他的光头形象，这反而让他有种安全感。“人们不敢看我，我觉得舒坦多了。”他说道。

有些专家提议人们不要一直使用“社交恐惧症”这个术语，比这个术语更好、更常见的表达是病态社交焦虑症。[1]他们解释说，恐惧症的术语的确会将那些不总是公开逃避社交场合，却又怕得要命的人混为一谈。

这一机制还解释了某些职业的取向。患有社交恐惧症的医生会选择不需要和病人交流的专业，比如麻醉学或放射学。而在其他人身上，情节更具戏剧化：一位历史老师出身的患者最终放弃了他的教书工作，而在一家大工厂里做起了夜班保安。唯有如此，他才可以不必面对学生、家长和同事，也唯有如此，他才不会感觉每日犯病。

对于社交恐惧症患者来说，每一次交流都极具分量。每一句话、每一步、每一个眼神、每一次握手都无异于面对冷酷无情的评委会的一次口语考试。他们始终焦虑地认为“人们总会一丝不苟地审视彼此”“一旦他们发现我的弱点，就会不失时机地挑衅、蔑视或挖苦我”。这些想法深深植根于他们的思想

---

1 Liebowitz M. R., Heimberg R. G., Travers J., Stein M. B., «Social phobia or social anxiety disorder: what's a name?» , *American Journal of Psychiatry,* 2000, 57, pp. 191–192.

里。我们可能会遇到如此解释最小细节的社交焦虑症患者，他们因此被别人以为是真正的偏执狂。

我们的一位女病患声情并茂地讲述了这一现象。进入咨询室的时候，她注意到我们将她要坐的椅子往后推了推——因为之前的病人在咨询结束时填写了问卷，他得把椅子拉近桌子。然而当我们得知这位女患者患有社交恐惧症后，我们认为如果她在咨询中坐得不舒服的话，可能会什么也不敢说，什么都不敢做。于是我们当着她的面把椅子往后推了推，接着请她坐下。咨询的进展极为艰难，咨询进行了一会儿之后，她还是很紧张，我们不得不追问原因。原来那把被我们往后推的椅子竟是真凶。她把我们的这个动作诠释为隔离她的动机，因为我们不喜欢她或是因为她状态不佳……她的人生一直在为这些瞬间发生的事情纠结不已。

我们的另一位患者经常双手潮湿，他以病态的方式来诠释握手行为：如果人们和他握手，他会在心里诅咒对方，因为后者让他很狼狈；如果人们不和他握手，他会自问这样是否意味着对方不喜欢、排斥或是厌恶自己……

需要治疗的疾病

社交恐惧症常常是由于心理状态的复杂化而最终导致的结

果。[1]某些研究甚至指出，将近70%的患者都会这样，他们同时也忍受着其他问题带来的痛苦。[2]他们经常会有其他焦虑症状，例如一般焦虑症或广场恐惧症。广场恐惧症是一种远离家门的惧怕，与社交恐惧症有染，这也合乎情理。宅在家里远离他人的目光，既简单宜行又不必承担痛苦。

接下来要说的是酗酒问题，20%～40%的案例显示很多酒鬼实则为焦虑症患者和社交恐惧症患者，果然不出所料！[3]酒精强大的抗焦虑功能足以解释这一现象，它让人们破冰前行、赶走抑郁。对某些人而言，这也是面对现实却无须太过焦虑的方式。我们的一位病患如果没有提前喝上一打以上的易拉罐啤酒，是不会离开房子的。[4]他靠饮酒壮胆。而另一位失业的患者，只有饮了足量的威士忌后，才能去学校门口接他的孩子们，并直面其他学生家长和老师的目光。酗酒让他抬不起头来，因为他的酒量日益增长，直到某天下午，他甚至不能去学校接孩子了。学校校长出于担心通知了执法部门和邻居们，于是消防队员赶来解救了因酒精而几近昏迷的他，最后这位不幸的父亲只能住院接受治疗。所幸，从我们一开始为他治疗起，

---

1 Lepine J.-P., Pélissolo A., «Epidemiology and comorbidity of social anxiety disorder», in *Social anxiety disorders*, Westenberg H. G. M., Den Boer J. A. (eds), Amsterdam, Syn-Thesis, 1999, pp. 29-45.

2 Schneier, *op. cit.*

3 Van Ameringen M. et coll., «Relationship of social phobia with other psychiatric illness», *Journal of Affective Disorders*, 1991, 21, pp. 93-99.

4 Scholing A., Emmelkamp P., «Social Phobia: nature and treatment», *in* Leitenberg, *op. cit.*, pp. 269-324.

就诊断出他患有重度社交恐惧症。当今的精神病科医生极易鉴定酗酒与社交恐惧症之间的紧密联系。[1]此外，研究者也许低估了酗酒的社交恐惧症患者的比例，因为好几项研究指出，酗酒的社交恐惧症患者因为羞耻心理的作用，不会主动承认。[2]而极其讽刺的是，由实验室带来的结果指出，较之安慰剂，酒精其实并未对社交焦虑症、人的口头或智力表现产生惊人效果。在酗酒社交恐惧症患者那里起到重要作用的是他们的自我暗示。[3]在大众所熟知的麻醉品中，酒精不是唯一被人们质疑的：一支德国研究团队几年来对3000多名社交恐惧症患者进行了跟踪调查，最后指出，青少年的社交焦虑症对日后他们对烟的依赖性起到了推波助澜的作用。[4]很多烟民似乎会求助于香烟以便缓解他们自身的社交焦虑症。社交恐惧症患者可能也会使用其他麻醉品（如可卡因），来对抗他们永无休止的惧怕。[5]

---

1 Lepine J.-P., Pélissolo A., «Social phobia and alcoholism: a complex relationship» , *Journal of Affective Disorders,* 1998, 50, pp. S23-S28.

2 Cox B. J. et coll., «Social desirability and self-report of alcohol abuse in anxiety disorder patients» , *Behaviour Research and Therapy,* 1994, 32, pp. 175-178.

3 Himle J. A. et coll., «Effect of alcohol on social phobic anxiety» , *American Journal of Psychiatry,* 1999, 156, pp. 1237-1243.

4 Sonntag H., Wittchen H. U., Höffler M. et coll., «Are social fears and DSM-IV social anxiety disorder associated with smoking and nicotine dependence in adolescents and young adults?» , *European Psychiatry,* 2000, 15, pp. 67-74.

5 Myrick H., Brady K. T., «Social phobia in cocaine-dependant individuals» , *American Journal on Addictions,* 1997, 6, pp. 99-104.

社交恐惧症和酗酒的关系

进入社交场合前、置身社交场合里的酗酒：以抗焦虑为目的	置身社交场合里、离开社交场合后的酗酒：以抗抑郁为目的
试图缓解焦虑（“我可能不那么难受了”）	试图消除羞耻心理（“我真可怜”）

50%～70%的社交恐惧症患者最终还会患上抑郁症，这也在情理之中。[1]他们故步自封、怀疑自己的能力，连平常的社交场合也足以让其神经衰弱。一项针对243名抑郁症患者所做的研究显示：他们中2/3的人是社交恐惧症患者或逃避型人格者，而且他们的抑郁症比一般人更早到来，症状也更加严重。[2]很多抑郁症患者无法与别人建立关系，趋向于消极逃避、为自己构建一个贫瘠的世界。[3]这不只是个人内心深处痛苦的结果，也关乎人际关系的贫乏。抑郁症与恐惧症相辅相成。抑郁使当事人之前存在的人际关系险境重重，但它并非不能治愈。

我们的一位同行，一名全科医生，某天和我们聊起他的一位女病人。尽管医生让她服用的抗抑郁剂是对症下药的，而且她的好几种症状，如睡眠、胃口、刺激能力也都得到明显改善，但此人还是陷入长期的抑郁之中。几次谈话后，病人终于

---

1 Kessler R. C. et coll., «Lifetime co-morbidities between social phobia and mood disorders in the US National Comorbidity Survey», *Psychological Medicine,* 1999, 29, pp. 555-567.

2 Alpert J. E. et coll., «Social phobia, avoidant personality and atypical depression: co-occurrence and clinical implications», *Psychological Medicine,* 1997, 27, pp. 627-633.

3 Légeron P., André C., «Thérapies comportementales et cognitives de la dépression», *in Les Maladies dépressives*, Olié J.-P. et Poirier M.-F., Lôo H., éd., Paris, Flammarion, 1995, pp. 424-433.

承认，在走出家门重拾社交活动的迟疑后面，其实深藏着一种焦虑，她害怕被迫回答邻居或商贩们的问题，例如，“您要去哪里？”“您为什么不工作了？”“您看起来气色不错啊！”她所生活的山区小镇在她眼里突然成了一个让人窒息的地方，她在其中举步维艰，似乎她的所作所为都在被人观察，她寥寥无几的话语也在被人议论和评价。她醉心于这样的妄想之中，不敢向任何人敞开心扉，自己稍有改变都会让她无地自容、惊慌失措。[1]多少挥之不去的抑郁背后，都隐藏着一道鸿沟，使当事人难以和身边的人建立正常关系。不同的研究指出，在焦虑的各种症状中，社交焦虑症是最引人抑郁的，也就是说它能引发当事人的抑郁症。[2]

社交恐惧症确实是社交焦虑症中最为严重，也最触动心弦的症状。今天，我们获悉它对患者的生活质量造成了不容小觑的影响。[3]我们也知道它会触及患者生活的方方面面，其感情生活、工作领域无一幸免。[4]14～24岁年龄段的人群很早就会患上社交恐惧症。[5]但由于他们不知道会有专业人士帮助他

---

1 André C., «Une dépression qui n'en finit pas», *Abstract Neuro-Psy*, 1995, n° 130.

2 Davies F. et coll., «The relationship between types of anxiety and depression», *Journal of Nervous and Mental Diseases*, 1995, 183, pp. 31-35.

3 Wittchen H. U., Belloch E., «The impact of social phobia on quality of life», *International Clinical Psychopharmacology*, 1996, 11 (suppl.), pp. 15-23.

4 Schneier F. R. et coll., «Functional impairment in social phobia», *Journal of Clinical Psychiatry*, 1994, 55, pp. 322-331.

5 Wittchen H. U. et coll., «Social fears and social phobia in a community sample of adolescents and young adults: prevalence, risks factors and co-morbidity», *Psychological Medicine*, 1999, 29, pp. 309-323.

们解除痛苦，也不知道存在这样的治疗，很多人都迟迟没有行动。然而，和社交焦虑症的轻微症状不同的是，社交恐惧症并不会随着时间的延长而得到缓解，反而会发展成一种稳定而长期的疾病。[1]有多少人的生活被这种疾病给毁了？

快速评估社交恐惧症的问卷[2]

	是	否
某些社交场合会让你觉得极为不适吗？		
较之其他人在相同场合下的体会，你的不适更为强烈吗？		
这种不适的程度是否接近恐慌？		
这种不适迫使你经常逃避重要而频繁的社交场合吗？		
这种不适让你深受其苦吗？		
它是否严重干扰了你生活的某个或某几个方面？		

假如你对六个问题中的四个做出了肯定回答，那么你极有可能患上了社交恐惧症。我们建议你去听听相关专家的意见。

1 De Witt D. J. et coll., «Antecedents of the risk of recovery from DSM-III-R social phobia» , *Psychological Medicine*, 1999, 29, pp. 569-582.

2 D'après André C., «Le premier entretien avec un patient phobique social» , *Journal de Thérapie comportementale et cognitive*, 1996, 6, pp. 35-36.

第三部分

我们为什么会害怕他人

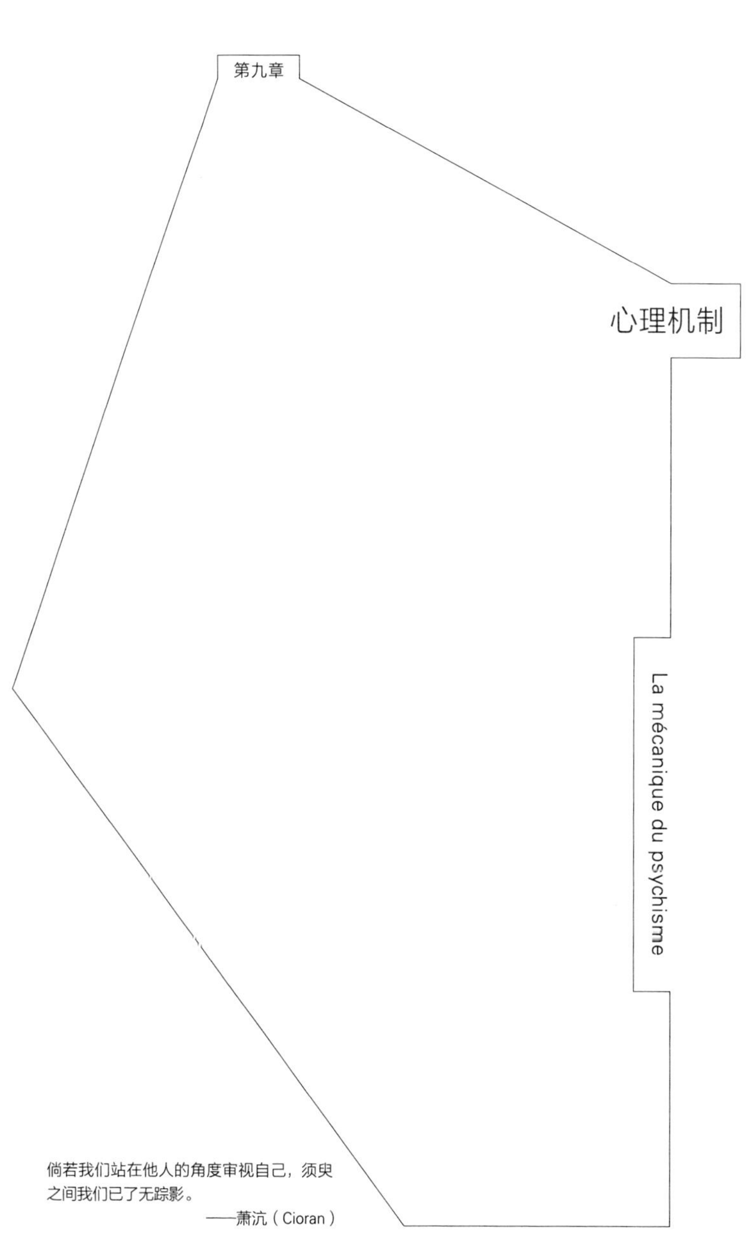

第九章 心理机制

La mécanique du psychisme

倘若我们站在他人的角度审视自己，须臾之间我们已了无踪影。

——萧沆（Cioran）

每一个社交焦虑症患者都告诉我们，他们不知道自己怎么了，为什么面对他人的时候他们会表现出这样的状态，他们的思维好像丧失了逻辑。那么，他们的脑袋里到底在想些什么？

计算机大脑

我们大脑的第一个功能就是接收信息。每一次我们置身于某个场合的时候，哪怕它很普通，我们也会被眼睛、耳朵、皮肤及所有感官带来的大量信息袭击。

比如，一个寒冬的夜晚，我们和朋友光顾一家餐馆。几乎就在进去的那一瞬间，我们的心头立刻百味杂陈。我们看到人满为患的大厅，上好菜品的桌子，墙壁及花卉装饰，忙碌的服务员，餐厅老板忧心忡忡的样子，在某一角落里含情脉脉相望对方的情侣。我们听到喧哗的人声，背景音乐也许是维瓦尔第[1]的音乐，还有餐叉的声音。我们感到大厅里有点潮湿，温度很高。我们闻到烤肉诱人的味道，但也夹杂着离自己很近的人抽的香烟味道，甚至还能闻到坐在靠近门口的一位优雅女士的香水味道。

如此海量的信息将我们吞没，我们不能再专注于研究每一条信息。我们的大脑不仅捕捉它所接收到的信号，同时还会对其进行筛选，而我们并未意识到自己所接收到的一定数量的信息已被记录下来。假如我们的某位朋友说起放在吧台中央的那棵漂亮的榕树，我们得承认自己没有注意到榕树的存在，尽管它已在我们的目光所及之处出现了好几次；而这位朋友的确在为他家里养的两株日渐枯萎的绿色植物而黯然神伤；令我们印象尤为深刻的是接待人员一脸厌烦的表情。我们的大脑用极尽复杂的方式进行着信息筛选。这一过程与我们自己的个性、价值观以及过往的经历有关，也关乎我们关注的事物与当时的情绪状态。所以，只要一想到不能留有人们强烈推荐的餐馆桌位，餐厅老板一副心烦意乱的模样，以及大部分桌子都被客人预订的这些事情，我们的大脑便会将这些信息放在首位，然后我们才会注意到绿色植物和维瓦尔第的音乐。然而，有时和我

1 安东尼奥·卢奇奥·维瓦尔第，意大利语为Antonio Lucio Vivaldi，1678年3月4日—1741年7月28日。他是一位意大利神父，也是巴洛克音乐作曲家，还是一名小提琴演奏家。——译者注

们现有思维状态没有关系的信息也会强行闯入大脑中。此时，我们大脑中尘封的记忆便会发挥关键作用，它会被出现的刺激所唤醒，正如那位女士的香水味道，会让我们回想起过往的一次约会。

头脑中的认知

但是我们大脑的工作并不仅限于此。它为随机筛选的信息赋予了意义，或者换种方式表达，它让随机筛选的信息在我们身上发生了作用。我们的朋友一见到长势良好、逗人喜爱的小灌木，可能会自问为什么他的小灌木没有这么可人。他觉得花店老板在嘲笑他，所以才把这棵植物卖给了他；或许他还应该问问餐馆老板是怎么养护榕树的……而我们，疯狂地想在这家餐馆里吃晚餐，看到老板阴郁的神色，为没有提前订桌而深感遗憾，等等。心理学家们将这些自动生成的想法命名为认知，我们的大脑一旦受到捕获到的信息的刺激，这些想法便会自发地突然浮现其中。这类似于我们在内心深处为自己安排的一次真正的演说，不管话题是无聊的（“瞧，服务生的山羊胡很可笑”），还是严肃的（“我的朋友们会大失所望的”）、乐观的（“我们会在小区里找到另一家餐馆”），抑或是负面的（“白白浪费了一晚上”）。由于我们总是身处海量信息的环境里，于是认知不停地闪入我们的头脑中。我们几乎无法控制那些多少有些强行闯入我们意识的想法。有的想法几乎要呼之欲出，仿若以下场景：有人插队，而我们会觉得他太不像话了，做了一件丢脸的事；而有的想法则苟延残喘，它们似乎在向我们喃喃低语。某种程度上，我们得注意聆听，才意识得到它们的存在。

认知心理学指出，这些自动生成的想法变数极大，它们因人而异，特别是有的想法还关乎焦虑症。同样的场合里，人不同（即使是同一个人也会在不同时刻产生不同的认知），认知便会不同。的确如此，试想有一位报告人，在陈述接近尾声的时候，被听众问了一个尖锐的问题。于是他的脑海里闪现出各种想法："瞧，他对我刚才说的很感兴趣"，或是"混蛋，居然问我这样的问题"，又或是"我不能回答"。这些袭击我们报告人的想法，当然没有被他选择，而是被他承受，他尤其承受着这些想法所引起的后果。想法不同，他的情绪也不会是一样的。第一种想法让他欣慰而平静，第二种想法则让他愤怒并想予以还击，而最后一种想法，更让他焦头烂额、狼狈不堪。当然，如果我们的报告人患有社交焦虑症，那么最后一种想法定是他的首选。

在我们询问一位社交焦虑症患者在面对他人时，自动生成的想法是什么的时候，我们的确意识到他的这些想法很特别。"我肯定很像个白痴。"这就是我们的一位年轻患者在每次和女孩交流时，头脑中冒出的想法。"他们会觉得我很小气。"这是另一位女患者向欠她钱的人要钱时所想到的。“人们对我没兴趣。”另一位病患则在会议发言的时候这样想。当心理学研究者意识到所有这些负面想法并非人们一直以为的社交焦虑症的后果，但可能是引起社交焦虑症及其表现的主要原因，于是他们的好奇心与日俱增。换句话说，要是有人感觉焦虑，一定是因为他在某种社交场合里产生了与众不同的想法。

认知的过程对我们的情绪状态做出了非常明确的解释。[1]我们之所以生气，并不是因为听到邻居大半夜里放电视的声音，而是因为我们觉得这位邻居没有礼貌。同样，如果我们心爱的人一直没有消息，那么我们便会悲伤失望。这是因为我们产生了“他不喜欢我，他忘记我了”的想法。假如社交焦虑症患者感到不适和难受，比如在别人观察他的时候，那是因为他脑海中迅速闪现出类似于“他会看到我脸红”的想法。公元1世纪时，几位哲学家不是证明了同样的道理吗？“如果你因外界的事物而抑郁，那么不是它的错，而是你对它的看法干扰了你。”[2]认知方法以此理论为依据，提出了一系列社交焦虑症的理解模式，现在我们要一起来了解一下。

---

1 Beck A. T., Emery G., *op. cit.*

2 Marc Aurèle, *Pensées*, Paris, A. I. Trannoy, 1953.

双重评估

我们已经明白无误地解释了社交焦虑症在其本质上是一种评估的焦虑。当事人倾向于认为他在日常生活里的细微动作都在被他人所评估，然而这种评估其实具有双重特色。

双重评估模式被频繁使用于压力反应的理解上，它提出了针对社交焦虑症而言很有意思的观点。[1]社交焦虑症患者面对一个棘手的场合，他经常会立刻对存在的风险以及他能想到的应对场合的办法进行双重评估，而这样的评估多少是具有潜意识色彩的。比如，他必须要在工作组的大会上发言，那么开会的时候，他会首先试着评估该场合必定具有的风险：听众是挑剔的吗？听众是由专家还是门外汉组成的？听众们来此是要聆听他的发言还是要打败他？听众是友善的还是带有敌意的？焦虑症患者接下来会对自己的能力进行评估：他有丰富的经验来应付这类场合吗？他能把握主题吗？他会感觉良好吗？

反复思考这些问题不仅会增加他的焦虑，还会让他高估即将面对的风险，听众是冷漠的，甚至是有敌意的。他设想大家会提一些让他无可奈何的问题，而他又不能正确回答。同时，他还会低估自己的能力。“我的表情可笑极了，我会说话结巴、思维混乱，他们会认为我是个孬种。”社交焦虑症患者的所有

1 Lazarus R., Falkman S., *Stress, Appraisal and Coping*, New York, Springer, 1984.

担心并非是对真实环境的客观、公正的观察，而是自己产生的疑问。每一个社交焦虑症患者竭力解释他们的问题时，都会以缺乏自信为由。而缺乏自信只能说明他们低估了自己、高估了风险。

逻辑的错误

“我和办公室的同事们在自动咖啡机周围……我不太喜欢这种场合。”让-伊夫对我们说道，在一家大银行工作，“和平日里一样，人们总聊些有的没的。我告诉自己真的该走了，就在这时一位刚刚走出办公室的女同事说起一部电影院正在放映的电影。刚好，我上星期看过了，我毫无困难地也聊起了这部电影。可同事中的一人看了看表，我便开始感觉不自在了。我不仅越来越难以集中思想，而且还逃避别人的目光，我不知道如何将自己从这错误的一步中解救出来。”当让-伊夫注意到一位同事看表时，他脑海中突然闪现出一个想法：“大家觉得我的话题很无聊。”而此时其他想法也可能会突然闪现在他的脑海中：“他应该有工作要完成”或者“这个杜朗，总是这么没礼貌”，甚至什么想法都没有。可是让-伊夫并没有这样。所以，为什么他会有那个让他一直焦虑的想法呢？

我们得再次和电脑做个对比。在对环境中发生事件的洞悉（有人看了他的手表）和我们头脑中闪现的认知（“大家觉得我的话题很无聊”）之间，大脑对它所接收到的信息进行了处理。而大脑并非是一台准确无误的机器，它也会对信息处理错误。我们已经说过其中一种错误了：它只记住了某些信息，而忽略了别的。所以，让-伊夫的大脑筛选出同事看表的那个动作。要是换了别人，可能筛选的是他人专心聆听的所有信号。“您开车进城的时候，不要只关注红灯和塞车，而很快忘记了绿灯和畅通的街道。如果您忘记了，那么您很快就会因交通状况而暴跳如雷。”一位知名心理治疗医生不无幽默地说道。[1]对于社交焦虑症患者而言，也是同样的道理：他只记住了打呵欠、看别处、提刁钻问题或一个问题都不问的人，他们不知道他是谁，却还要批评他。

另一种错误是做出没有证据的结论。人们一般可以用多种方式来解释一件事情，尤其是当你不具备所有条件来理解它的时候。如果你在和别人说话，而对方也正专注地看着你，那么他就一定是因为要验证你有没有脸红吗？假如某位邻居在街上没有和你打招呼，那么你唯一的解释就是他蔑视你吗？倘若别人批评了你的工作，我们就必须由此推断出对方不喜欢你了吗？肯定不是这样的，因为还有很多其他的合理解释，然而社交焦虑症患者几乎不会主动想起这些。“我觉得自己成了偏执狂。”一天，一位女患者对我们说道，“任何事情都有解释，但

1 Watzlawick P., *Faites vous-même votre malheur*, Paris, Le Seuil, 1984.

不可能都对我不利。”

社交焦虑症患者经常将他们碰到的事情变成他们自己的事。他们夸张地将各种事情的责任归咎到自己身上。“那天，餐馆里的服务员脾气不好，我立刻觉得他可能不愿意我让他尽快结账。”我们的一位病患对我们说。“每周的商业例会上，我要分别汇报各个部门的销售业绩，接着，我感到会议室里发出了走神的信号，每次我都万分焦虑地认为自己是个蹩脚的演讲者，这肯定是因为接收大量数据让人产生了厌恶感。”一名害怕在同事面前发言的企业中层管理人员承认。

喜欢放大负面事件、低估正面事件，也是社交焦虑症患者的心理作用特征。一位女秘书向我们坦承自己可以去商店里换货，但她补充道：“这并不很难，售货员很客气，但我却受之有愧。”而某次，她却不能在单位更改度假日期，她对自己说：“我不能在生活中捍卫自己。”两种影响，两种举措。心理学家们深知人们根据成功或失败所得到的截然不同的论断方式。社交焦虑症患者最明显的错误表现就是最大化负面事件、最小化正面事件。

“大家都觉得我很无聊。”让-伊夫在咖啡自动机前如是想。“我从来都不会保护自己。”秘书给自己做出这样的结论。普遍化是另一种论断方式，而社交焦虑症患者也会采用这一方式。突然闪现在他们脑海中的认知，总有“总是”“从不”“没有人”及“大家”的存在。

另一种错误同样是缺乏细节区别。这种错误便是用二分法去鉴别真相：好或坏、不错或糟糕、成功或失败。一名深感焦虑的戏剧演员在其每一场表演结束，观众鼓掌之时，都用这种方法做出论断。“观众们的掌声之所以起起落落，是因为他们厌烦了整晚的演出。”一位年轻女性向我们讲起当她的一位女朋友做出负面评价时，她是如何反应的：“她之所以不喜欢我家里的一切，是因为她恨我。”某些焦虑症患者的特点是非黑即白，他们不知道还有不同的灰色作为中间色调。他们不同于摘雏菊花瓣的诗人，他们玩不了“一点儿、很多、完全和一点也不”的文字游戏……

由于我们大脑的运行不会遵循完美逻辑，所以每一个人都可能成为这些认知错误的对象。我们每个人随机选择，做出没有证据的结论，个性化、普遍化、放大或缩小事件，再接着用二分法论断。社交焦虑症患者会更为频繁地使用二分法，这只能说我们中的大部分人偶然运行的模式成了他选择的推理方式。而对这些永久错误的逻辑验证却被广泛运用到社交焦虑症的认知心理疗法中。我们稍后会有所提及。[1]

此外，大量的实验心理学研究证明了治疗中大面积运用观察的作用，比如研究指出，社交恐惧症患者会负面诠释任何一种不确定的社交场合（“他对我微笑，可能含有讥讽之

1 Beck A. T., *Cognitive Therapy and the Emotional Disorders*, New York, International Universities Press, 1976.

意”），他们还会从灾难性的角度来理解任何一种负面的社交场景（“他批评了我，世界末日来了”）。[1]

强迫沉默

认知行为心理学家很快便意识到这些自动生成的想法本身也很重要，因为它们导致我们在社交场合中的不适或难受。不过，它们仅仅是冰山一角。在我们的心灵深处还潜伏着我们自身形成的对自己和别人的根深蒂固的想法和价值观。社交焦虑症患者最常有的想法是：“我不该生气或者打扰他们，否则我会被他们排斥的”“我一定要让所有人都喜欢、欣赏我”“我们所做的每一件事都必须成功，这样才能在别人眼里树立威信”，等等。研究者认为这些都是我们给自己制定的个人准则，含有强制的信号，如“一定……”或者“我应该……”。这些认知图解，如同心理学家所说的那样，大多数情况下是无意识的，至少是有一点突发色彩的。[2]它们代表着我们心理组织严密而稳定的结构，在心理治疗的过程中，它们常常难以被医生动摇。

1 Stopa L., Clark D. M., «Social phobia and interpretation of social events» , *Behaviour Research and Therapy*, 2000, 38, pp. 273-283.
2 Ellis A., *Reason and Emotion in Psychotherapy*, New York, Birch Lane, 1994.

专家认为，这些沉默的准则潜伏着，只在某些场合里才会运行。比如当别人批评我们的时候，“我应该得到大家的表扬”的图解便会突然被激活。

图解的构建以个人经历或过往作为基础，它们更多地向人们传递出当事人所处时代、社会环境的某些价值观。就此而言，谚语为人们打开了解读某种既定文化集体观念的引言，虽然有些谚语是世界通用、以人为本的。记住那句广为流传的谚语：“人对人如豺狼般残忍！”它会让社交焦虑症患者猛然想起那些危险的图解。

尽管揭露也许会让人们知道事情的原委，但要如何解释这些想法的不容动摇性呢？让·皮亚杰（Jean Piaget）[1]的研究为我们解答了部分疑惑。[2]正如这位知名心理学家所解释的那样，每次人们面对与自身信念（根深蒂固的想法）相悖的场景，便倾向于同化：人们信念坚定，不愿面对事实真相。比如，参加晚会时，遇到的人主动对我示好，而如果我是个有点儿抑郁的社交恐惧症患者，那么我就会告诉自己对方这么做只是出于同情，只是不想让我独自待在角落里。如此一番推论后，我得到的结论便是自己在别人眼里乏善可陈，这是我深信不疑的想法。倘若相反，我告诉自己最终我可以成为一个万人迷，与自

1 皮亚杰，生于1896年8月9日，逝于1980年9月16日。瑞士人，近代最有名的儿童心理学家。他的认知发展理论成为这个学科的典范。——译者注

2 Piaget J., *Six études de psychologie*, Genève, Gonthier, 1964.

己深信不疑的想法背道而驰，那么我开启的就是与同化相悖的调节机制。调节尊重事实，即使它们动摇了那些根深蒂固的观念。简单来说，我们可以认为同化的过程一直主宰着社交焦虑症患者，却未能解决他们的问题。而调节则是心理治疗中优先考虑的方法，因为这是唯一可以让人评估患者的方法。当社交焦虑症达到一定程度的时候，外界的心理帮助必不可少。不为别的，只因社交焦虑症患者看待所有与他们有关的事物都带有强烈的主观意识。很多研究也指出：他们无法抑制自己，不住地去筛选记忆，却只记住了社交场合中那些最负面的细枝末节。[1]

自身形象及取悦于人的意愿

当一个人想要在别人眼中留下好印象，却又担心自己不能达标时，社交焦虑症便突然来袭了。[2]求职者就是如此。他希望给招聘者留下能够胜任工作的印象；而出席晚会的嘉宾则希望展现出他的修养和品位；对于求爱者而言，他希望心爱的人能看到他是一个深沉而体贴的人，等等。换句话说，如果挑战发生在重要场合中，那么问题也就来了。我们的一位病患说那

1 O'Banion K., Arkowitz H., «Social anxiety and selective memory for affective information about the self», *Social Behaviour and Personality,* 1977, 5, pp. 321-328.

2 Schlenker B. R., Leary M. R., «Social anxiety and self-presentation: a conceptualisation and model», *Psychological Bulletin,* 1982, 92, pp. 641-669.

是“必须完成的工作”。召开工作会议的时候，全体与会人员都在时断时续地小声嘀咕，可就在经理出席会议的那一日，会议室里突然鸦雀无声，过程很是煎熬……

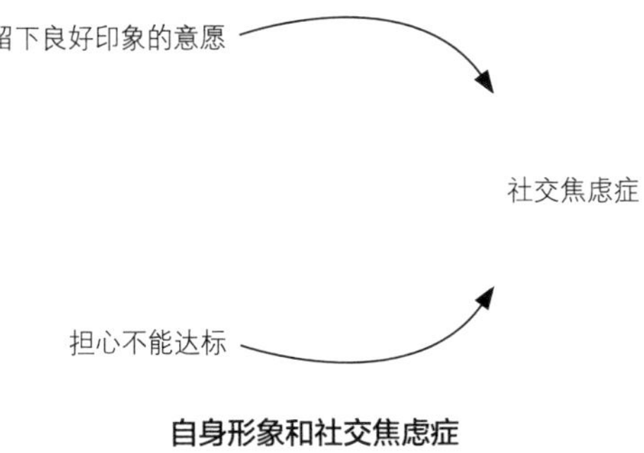

自身形象和社交焦虑症

然而，挑战不总是那么明显。那么，紧张的家庭主妇为孩子开家长会时，如果需要发言，她会害怕什么呢？还有，买法棍面包时说话结结巴巴的那位年轻人又在害怕什么？其实他们害怕的无非是别人的评价而已。因为他们需要他人的认可和赞扬。社交焦虑症的起因是患者没有得到认可和赞扬，甚至可能只是因为没有赢得别人的重视。社交焦虑症常常导致当事人为表现出彩而过于严格要求自己。大多数社交焦虑症患者会将标准定得很高，因此导致当他们出现在那些场合、面对很多人的时候，总会险些陷入手足无措的状态里。

极端及痛苦的自我意识

社交焦虑症患者有强烈的自我意识，而这种自我意识会让他们在社交场合里六神无主、不堪重负。“在那些场合里，我会紧张，我几乎无法集中精力去关注周围的人和事，我越焦虑，就越不能做别的事情，只能躲在头等包厢里无奈地看着别人，我的焦虑指数不断上升……”这就是情非得已的自我观察、典型的自我关注。身处令人紧张的场合中，社交焦虑症患者甚至不再关心那些非焦虑症患者的评价了。相反，他们只关心自己对自己做出的负面看法及自己的问题。[1]“胆怯之人，”一位19世纪的作家这样写道，“必定笨拙而愚蠢；然而，笨拙而愚蠢之人，却未必是胆怯的。不了解自己的笨拙之人，迟钝而冒失；而了解自己的笨拙之人，却为自己是这样的人而深感痛苦。此时，我们才可将其称为胆怯之人。”[2]

正如我们的一位病患所说的那样：“问题出在我身上，与别人无关。”所以我们可以根据社交焦虑症患者所关注的对象——自己或别人——将其分为两种类型。其实，就算是还没有发展出强烈自我意识的社交焦虑症患者，最终也会关注自己。

总而言之，社交焦虑症患者在很大程度上就是关注自身的人。因为他们太在意自己的问题，他们除了关注自身问题外，

1 Stopa L., Clark D. M., *op. cit.*
2 Dugas, *La Timidité*, Paris, Alcan, 1898, p. 17.

别无他法。[1]

我们甚至可以说，社交焦虑症患者类似于电影中假想的受害者，他们的头脑中经常会浮现出这样的画面：自己行走在他人的目光下。当然他们在那些场合里不仅可笑至极，而且无力回天。[2]但他们也只是置身于社交场合中才会这样，在其他环境里，他们的思维想象会重新恢复以正常运行的模式，也就是说他们用自己的视角聚焦场景，而不是通过别人的眼睛发现自己。[3]这只是社交焦虑症患者的症状，而非其他焦虑症，如广场恐惧症（因不适而惧怕公共场合）的症状。[4]重度社交焦虑症患者不断想象来自他人的负面看法（或至少他们是这样认为的），其自尊水平也较低。近期针对社交焦虑症患者所做的每一项现代深度心理学研究均指出，患者的问题要达到一定程度，才能进入不可缓和的心理机制中。[5]而这个心理机制缘起何处？它是与生俱来的吗？社交焦虑症患者是天生的，还是后天生成的？如果是后天生成的，他们又是如何发展成社交焦虑症患者的呢？

---

1 Cheek J. et Melchior L., «Shyness, Self-Esteem and Self-Consciousness» , *in* Leitenberg, *op. cit.*, pp. 47-82.

2 Hackmann A. et coll., «Seeing yourself through other's eyes: a study of spontaneously occurring images in social phobia» , *Behavioural and Cognitive Psychotherapy,* 1998, 26, pp. 3-12.

3 Wells A., Clark D. M. et Ahmad S., «How do I look with my mind eye: perspective taking in social phobic imagery» , *Behaviour Research and Therapy,* 1998, 36, pp. 631-634.

4 Wells A. et Papageorgiou C., «The observer perspective: biased imagery in social phobia, agoraphobia and blood/injury phobia» , *Beha-viour Research and Therapy,* 1999, 37, pp. 653-658.

5 Musa C. Z. et Lepine J.-P., «Cognitive aspects of social phobia: a review of theories and experimental research» , *European Psychiatry,* 2000, 15, pp. 59-66.

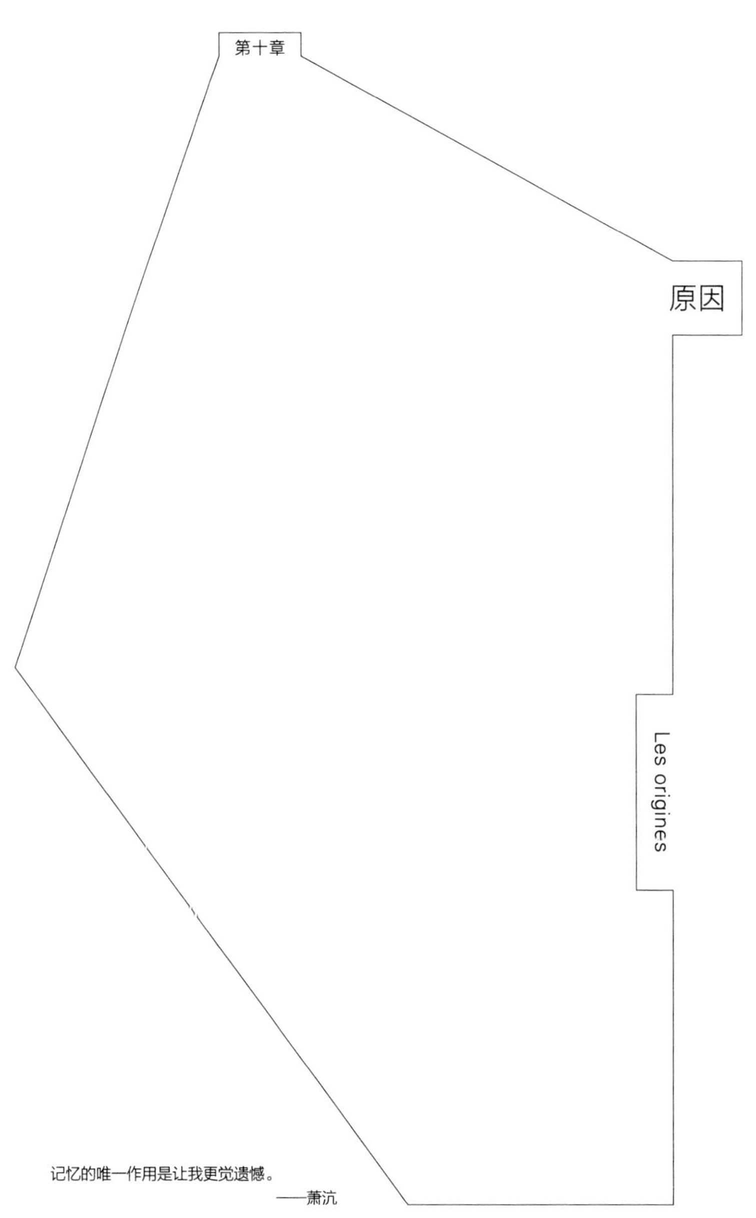

第十章

原因

Les origines

记忆的唯一作用是让我更觉遗憾。

——萧沆

人们未能完全了解社交焦虑症不同症状的起因。[1]因为就大部分心理问题而言，天生与后天如影随形，几乎无法将两者分开来看。而且，社交焦虑症的不同表现更加剧了画面的复杂感：胆怯尚且起因不明，更何况是社交恐惧症、逃避型人格呢？人们对此进行的各项研究即使见解独到、思路清晰，但也提出了更多问题。

一个问题，几种原因

社交焦虑症让人想到几乎所有的心理问题和很多心理疾

1 Hudson J.-L., Rapee R. M., «The origins of social phobia» , *Behavior Modification,* 2000, 24, pp. 102-129.

病，人们也将其称为多因疾病。也就是说这种疾病的起因同时具有天生的（也许是遗传的）、心理动力的（成就当事人的经历）以及社会学的（关乎地点、时代和文化背景）因素。

这些不同因素可能会在社交焦虑症的不同阶段介入，在某些情况下，生物学因素责任重大，而社会及个人因素治标不治本，或者加速了焦虑症的形成。而在其他情况下，则与之截然相反：教育因素、父母行为、个人成长环境对患者的问题造成了极大的影响，这些因素的作用甚至超过了器官及遗传因素的作用。事实上，在多数场合中，以上所有因素都在发挥作用。

与生俱来的倾向的确是我们每个人自身的作品，这些倾向见证了人类遗传的过程，比如某些家族的延续。它们的萌芽可能很早就会生成，为社交焦虑症既提供了基础素材（就是我们之前所说的脾气或性格，人们更喜欢使用这两个词语），又提供了场地，而个人及社会阅历或难或易地立足于其中。

这些倾向当然与当事人和家庭环境的关系有关，比如家长对他的教育方式和情感行为、家长自身的行为、生活经历以及可能受到的伤害……

最后还有所谓的文化因素也融入这个极其复杂的综合体中：因环境、时代而异，人们的倾向要么让人愉悦，要么使人不适；而其身边之人要么接受他的倾向，要么拒绝。何况，还有社会环境对性别角色的要求。比如，一般情况下，身边的人更能接受患有社交焦虑症的小女孩，而小男孩却要另当别论了。

先天和后天

诸多作者试图证明先天性的功能障碍可能造成社交焦虑症这样或那样的表现。比如，大脑不同神经递质的作用[1]、尿氢化可的松的含量[2]。另一些成果则通过分析大脑的不同图像，对社交恐惧症患者的大脑功能进行了研究。[3]这些成果为研究与社交恐惧症有关的脑神经系统提供了线索。[4]总的来说，社交恐惧症在焦虑症的各种症状中，确实类似于一种与生俱来的疾病。而焦虑症的各种症状也存在着细微差别：从先天的角度而言，表现焦虑症就完全不同于别的社交焦虑症。[5]迄今为止，没有哪项研究能明确原因和结果的关系。和其他心理疾病一样，社交焦虑症的问题依然有待解决：即使人们可以鉴别出先天性的功能障碍，那么应该将其归类于疾病的原因还是结果呢？

---

1 Schneier F. R., Liebowitz M. R., Abi-Dargham A. et coll., «Low dopamine D2 receptor binding potential in social phobia» , *American Journal of Psychiatry,* 2000, 157, pp. 457-459.

Nutt D.J., Bell C. J., Malizia A. L., «Brain mechanisms of social anxiety disorder» , *Journal of Clinical Psychiatry,* 1998, 59 (suppl. 17), pp. 4-9.

2 Poth. N. et coll., «Levels of urinary free corticol in social phobia» , *Journal of Clinical Psychiatry*, 1993, 54, 12, pp. 41-42.

3 Tupler L. A., Davidson J. R., Smith R. D. et coll., «A repeat proton magnetic resonance spectroscopy study in social phobia» , *Biological Psychiatry,* 1997, 42, pp. 419-424.

Stein M. B., Leslie W. D., «A brain single photon-emission computed tomography (SPECT) study of generalized social phobia» , *Biological Psychiatry,* 1996, 39, pp. 825-828.

4 Schneider F., Weiss U., Kessler C. et coll., «Subcortical correlates of differential classical conditioning of aversive emotional reactions in social phobia» , *Biological Psychiatry,* 1999, 45, pp. 863-871.

5 Baylé F. J., Millet B., André C., «Biologie des phobies sociales» , *L' Encéphale,* 1999, 25, pp. 345-352.

就这个问题研究最为深入的，当数来自哈佛大学的杰罗姆·凯根（Jerome Kagan）[1]了。他主张应该为15%～20%刚出生的孩子（比如白种人）拍摄一张神经结构图，以此得知他们日后是否会表现出胆怯，或起码表现出类似于胆怯的社交焦虑症的抑制行为。[2]他认为，这些孩子从出生起就遗传了一种对某些令人紧张的场合反应强烈的大脑杏仁体。[3]“胆小的孩子第一次去幼儿园时，会表现出紧张，不亚于圆形竞技场里直面狮子的角斗士。”他在采访中说道。[4]严谨认真的研究者及其科研团队的科研成果指出：受基因或产前母体的影响，人从出生起，就天生具有两大类倾向——要么设法应对，要么逃避陌生场合。我们可以在人成长的早期阶段发现这两种倾向：4个月大的孩子面对不熟悉或新的场景时，会哭闹不止。他若是9个月、14个月大，或者两岁了，也一样会哭闹。[5]这些惧怕表现常常在人的身上引起标志性的变化，如心率加速（呼吸节奏不变）、瞳孔放大等。作者指出，大脑边缘系统区域会产生功能障碍，其中杏仁体的功能障碍最为典型。这种功能障碍主要归咎于对令人紧张事件的超级敏感度，总体来说，这是好事。每一个家

---

1 杰罗姆·凯根，美国心理学家，对婴儿和儿童的认知和情绪发展，尤其是对气质的形成根源十分有研究。——译者注

2 Kagan J., *La Part de l'inné,* Paris, Bayard, 1999.

3 Kagan J., «Temperamental contributions to social behavior» , *American Psychologist,* 1989, 44, pp. 668-674.

4 *L' Événement du jeudi,* 1993, n° 471.

5 Kagan J., Snidman N., «Temperamental factors in human development» , *American Psychologist,* 1991, 46, pp. 856-862.

庭主妇都知道她的孩子们中的某几个会比别的更敏感，但也可能更麻木不仁。

研究者还证明了引起社交焦虑症的基础基因也存在于动物身上。比如，他们注意到猕猴身上也存在着代表其家族特点的、类似于胆怯的社交抑制行为。[1]当这群猴子身处陌生场合或面对陌生同类的时候，它们发出了社交焦虑症的外部信号：可测的情绪变化、晕厥或者逃避。胆怯的老鼠家族可能会被别的鼠群孤立。任何一个动物家族在面对它们同类的陌生个体时，都会表现出同样的焦虑抑制特点，研究者可对其进行测量及观察。然而，即使是身为动物，其父母的风格仍旧可以改变它们所属家族的遗传倾向。

而到了人类身上，胆怯家族的基因绝无可能改变（尽管有的夫妻是因为征婚启事或婚介所而认识彼此，生育了后代的）。所以，研究者把重点放在了双胞胎身上：纯合情形下（即同卵双胞胎），遗传基因的特点在每个孩子身上都会清晰地表现出来。与这方面相关的大多数研究都表明，社交恐惧症可能与基因脱不了干系。人们从一项针对女性双胞胎进行的深入研究中

1 Suomi S. J., «Genetic and maternal contributions to individual differences in rhesus monkey behavioral development» , *in* Krasnegor S. A., Blass E. M., Hofer M. A. ed., *Perinatal Development: A Psychological Perspective,* New York, NY Academic Press, 1987, pp. 397-419.

得知，含有社交恐惧症的基因占据全部基因的30%~40%[1]。这个比例很高，而社交恐惧症患者的环境、教育背景及家庭因素仍不容小觑。

人类及其恐惧症

某些研究者认为，人类的绝大多数恐惧症（至少在某个既定时期）对于种族的生存不可或缺。[2]

两种主要类型的恐惧症可能是截然相反的："前技术时代"恐惧症，即起源于人类因生存之需直接面对危险场景的时代；"后技术时代"恐惧症，则是针对不是自然状态下的场合而言的。患第一种恐惧症的概率要比第二种高得多；而第二种恐惧症的患者常常会对情景中的各种元素条件反射。此番进化理论认为所有的焦虑症起因皆为人类种族生存的条件，而且必不可少。有趣的是，这种理论认为广场恐惧症（惧怕远离自己家门或熟悉的地点，惧怕自己身处无法施救的地方）的焦虑倾向在于阻止早期人类过多地远离他们的洞穴。同理，很多人在童年时期常常也很容易对黑暗或有毛动物心存畏惧。

1 Kendler K. S. et coll., «The genetic epidemiology of phobias in women» , *Archives of General Psychiatry,* 1992, 49, pp. 273-281.

2 Seligman M. E. P., «Phobias and preparedness» , *Behavior Therapy,* 1971, 2, pp. 307-320.

这番理论的追随者乐此不疲地将他们的思维模式嫁接到了社交焦虑症及社交恐惧症上：很可能在更远古的时期，与陌生人群的相遇其实危机四伏，而身处众目睽睽之下的孤家寡人（在很多动物身上，紧盯对方意味着发出了进攻的信号），直面权威人物时暴露出自己的害怕或脆弱（也可说成弱点）的个人也一样危机重重。没有逃避这些场合的当事人，较之同类而言，生存的概率更低。

于是某些作者开始研究物种因素，并渐行渐远。[1]他们认为，社交焦虑症及其行为暗示（辩证的控制等于压抑、逃避、释放）在人类身上已然幸存，因为它们成了人类群体强大凝聚力的条件，避免了权力的永久纷争。他们还认为，每一个人会用两种领悟系统来鉴定自身人际关系的环境，其中一个系统发现危险信号，而另一个系统则青睐安全信号。第一种系统主要在于预知潜在的威胁；第二种系统洞悉安全信号，使得人类不会只局限于鉴别其环境的潜在危险，而是同时从中鉴定出安全信号，才会放松警惕。

鉴于不同原因，当然也包括某些基因因素，社交焦虑症患者会因自动报警体系的错乱而痛苦不堪。在别人认为很普通的场合里，他们的社交焦虑症却很早、很快、很强烈地发作着。

1　Trower P. et coll., «Social anxiety, evolution and self-presentation: an interdisciplinary perspective» , *in* Social and Evaluation Anxiety, Leitenberg H. ed., New York, Plenum Press, 1990.

他们会迅速发现危险信号，而对于安全信号则漠然置之。比如，在他们当众陈述的时候，很快就会看见眉头紧蹙、心不在焉的听众（“情况不妙！他们会批评我的！我很无聊！”），而那些面带微笑、专心听讲的听众却让他们心存疑虑。

人们可以从此番理论中读懂社交焦虑症发作的某些场合里的动物行为学。因此，人们也会从直面权威人物时的担惊受怕联想到动物世界中多数动物都会对它们族群中的佼佼者俯首称臣的行为。人们去参加一个晚会，如果心有所惧，那是因为他们进入了不熟悉的场合里；烟民减轻焦虑的方式是将香烟点着；如果对方紧盯着我们却又一言不发时的尴尬也会让人联想到捕食性动物进攻前的状态；面对不亲近的人时所感受到的不适，不仅传递出的是对潜在进攻者暴露弱点的风险，还有将自己的不知所措也展露无遗的恐惧，等等。

这些研究非但让人不快，还让人觉得人类与生俱来的自由意志都被限制了。然而，即使研究的合理解释可能引发争论，但事实就是事实。社交焦虑症各种症状中的遗传因素还有待深入研究。

逐渐形成的焦虑症

婴儿在8～10个月大的时候，如果与妈妈分开或者面对一个陌生的成年人时，他会有正常的焦虑反应。也就是从这时起，孩子的运动和移位能力开始形成了。这种焦虑有助于孩子避免鲁莽行事。母亲的在场陪伴就是孩子所接收到的安全信号。然而当如同追捕猎物的陌生人突然现身时，他的警戒系统就会被激活。各项科研工作目前正努力研究除了这个正常反应之外，儿童在面对不同的新场合时的某些过早反应是否已经有了社交焦虑症的表现，而这些反应是瞬间产生的还是会消失殆尽？它们是否不完全地暗示了孩子成年之后会真的患上社交焦虑症？

就这方面所做的最有意义的一项研究，使得人们可以观察那些4个月大的小婴儿如何应对陌生刺激（陌生的声音、物件或行为）。[1]根据神经活动的频率以及眼泪的有无，100多个孩子做出了两种反应。而人们又根据这两个标准将孩子们分为四组。反应较为强烈（神经活动频率高，泪水多）的一组占孩子总数的23%；反应不强烈（神经活动频率微弱，泪水很少或没有）的一组占37%，另外两组介于以上两组之间（泪水多，但神经活动频率微弱；神经活动频率高，但泪水很少或没有）分别占据孩子总数的22%和18%。接着，他们又在这些孩子9个月、14个月以及21个月大的时候，重新做了评估，依然是在孩子们不熟悉的、可能引起焦虑的社交场合里完成测试。第一组

1 Kagan J., Snidman N., *op. cit.*

的孩子们，也就是4个月大时反应最为激烈的那一组孩子，在几个月后最倾向于抑制地表现出社交焦虑症的行为。

其他研究者指出，人们很容易在孩子两岁大的时候发现他们的抑制行为，而将近15%的孩子都会这样。[1]到了这个年龄，孩子一旦面对陌生人，确实会有两种主要倾向：要么自我封闭甚而逃跑；要么恰恰相反，去直面陌生人。两岁时，如果孩子被身边的人认定是胆怯或惶恐的，那么他们中75%的人长到八岁时仍会倾向于保留同样的行为方式。[2]

很多作者在综合了诸多研究成果后，得出了目前的结论：人天生具有焦虑基因。生命伊始，他们便开始对陌生场合有强烈反应；抑制行为则出现在大约两岁的时候；然后他逐渐患上社交焦虑症，最终发展成为社交恐惧症。[3]然而，这些研究也指出，人们很容易从抑制行为过渡至不抑制行为，不太可能逆向而行。此外，随着年龄的增长，与生俱来的社交焦虑症基因由于受学习、教育及环境因素的影响，其作用也日渐减小。

---

1 Garcia C. et coll., «Behavioral inhibition in young children» , *Child Development,* 1984, 55, pp. 1005-1019.

2 Kerr M. et coll., «Stability of inhibition in a swedish longitudinal sample» , *Child Development,* 1994, 65, pp. 138-146.

3 Rosenbaum J. F. et coll., «Behavioral inhibition in childhood: a risk factor for anxiety disorders» , *Harvard Rev. Psychiatry,* 1993, 1, pp. 2-16.

性别的不平等

和大多数焦虑症（广场恐惧症、恐慌突发症、普通焦虑症）一样，较之男性，社交恐惧症更青睐女性。[1]先不说还需要深入研究的基因或遗传原因，人们还注意到，社会上患有社交焦虑症的女性比男性更容易被人接受，继而也形成了一种风气：如果女孩表现出抑制行为，父母不是会更宽容一些吗？有时，他们并未意识到，女孩的抑制行为是病态的。符合传统要求的男性社会形象与社交焦虑症患者截然不同，后者似乎更符合人们习以为常的女性气质。一项针对胆怯之人所做的研究列举了他们的特点，这也是人们自觉赋予他们的性格特征描述：温柔、谦虚、敏感、谨慎……而他们性格中缺乏的却是自信、攻击等。[2]一项瑞典研究再次提及，在社交焦虑症的形成过程中，男女两性各自的社交表现及其所造成的影响。[3]近200个有代表性的瑞典孩子自3个月大的时候就被跟踪调查和评估，直至他们16岁。研究者们从刚出生几个月大的小婴儿所表现出的典型抑制行为可以推断他成长至7岁时所保留的抑制行为，而只有备感压抑的小女孩才会将压抑延长至青少年时期。对于男

---

1 Myers J. K. et coll. «Six months prevalence of psychiatric disorders in three communities» , *Archives of General Psychiatry*, 1984, 41, 10: pp. 959-967.

2 Gough H. G., Thorne A. «Positive, negative and balanced shyness: self-definitions and reactions of others» , *in* Jones W., Check J., Biggs S. (ed.), *Shyness*, New York, Plenum Press, 1986: pp. 205-225.

3 Kerr M., *op. cit.*

孩子来说，他们各个时期的抑制行为的关联性则不是那么明显。焦虑的男孩子似乎会因环境的重要影响而释放自己，但他们可能会患上社交焦虑症，或是以别的方式表现出来。他们对抗恐惧的行为便是攻击或者提前离场。该项研究也指出了那些认为孩子压抑的母亲并不像资深的心理学家那样，可以成为优秀的观察者。如果是心理学家，他们可以预期孩子发展至青春期时会有胆怯的表现。我们常常注意到：胆怯或社交焦虑症的其他症状，并不会让这些孩子的亲人们没完没了地担心下去，而是会导致他们为孩子安排一些简单的任务；而对于一些家长和老师而言，胆怯的孩子们则令他们把精力用到对付那些好动的孩子们身上去。[1]

家庭环境

如果我们对患有社交焦虑症的成人或孩子的家庭环境及其父母稍加研究的话，我们常常会注意到这中间存在着一些心理问题。研究者对社交焦虑症的显性遗传（区别于遗传）进行了研究，他们注意到，如果社交恐惧症患者原生父母的其中一

1 Friedman P. G., *Shyness and reticence in students*, National Education Association, Washington DC, 1980.

方也患有社交恐惧症，那么孩子患病的概率会提高三倍以上。[1]另一项研究指出，有抑制行为的孩子父母患社交焦虑症的概率比普通人高出很多，而且他们还容易患上抑郁症或其他焦虑症，例如广场恐惧症。抑制孩子—焦虑父母的组合家庭极其容易使孩子在成年之后患上焦虑症，要么是社交焦虑症，要么是其他焦虑症。[2]针对一所小学里的867个孩子所做的一项跟踪调查指出，20%性格胆怯的孩子之母也深受社交恐惧症之苦。[3]那么，社交焦虑症是如何传播的呢？

给胆小孩子家长的几点建议

假如你已经注意到你的某个孩子发出了胆怯的信号，那么请采纳以下几点建议并帮助他去克服。我们要提醒你的是，帮助胆小的孩子去克服胆怯是一件有成就感的事情，然而来日方长，你不能指望孩子几天内就会有所改变，至少也要等上几个月的时间。如果你还有所疑虑，不妨咨询一下专业人士。

---

1 Fyer A. J. et coll., «A direct interview family study of social phobia» , *Archives of General Psychiatry,* 1993, 50, pp. 286–293.

2 Rosenbaum J. F. et coll., «Behavioral inhibition in children: a possible precursor to panic disorder or social phobia» , *Journal of Clinical Psychiatry,* 1991, 52, 11, pp. 5–9.

3 Cooper P. J., Eke M., «Chidhood shyness and maternal social phobia: a community study» , *British Journal of Psychiatry,* 1999, 174, pp. 439–443.

我们的建议	几个例子
你自己要成为一个善于社交的人	他在场的时候，你要经常和邻居、商贩们聊聊天，放学时也和他同学的家长交谈一下
为他和其他成年人的直接接触创造机会	你邀请朋友来家做客时，介绍他们认识你的胆小鬼孩子，让朋友们向他提一些简单而有意义的问题
为他和别的孩子的交往创造条件	尽量经常邀请别的孩子来家做客（生日、聚会……），和准备邀请你的孩子去家里做客的父母们多多走动
偶尔让孩子过过集体生活	假期里定期和家人、朋友出去旅游，或带他去度假村
鼓励他和别的孩子交往	和他同坐在沙坑里，和别的孩子聊聊天，并问他们一些简单的问题（你叫什么名字、你多大了……）。你的孩子通过观察你了解到他自己和别的孩子接触时该问什么样的问题
不要粗暴地对待他	任何时候都要尊重你孩子的节奏，不要强行为他在体育俱乐部或某个社团报名，让他有过渡的时间

一些家长本身就是抑制而胆怯的社交焦虑症患者，所以孩子们也会模仿他们的行为。而另一些家长则用另类的方式经营家庭：他们与世隔绝，不邀请朋友来家做客，因此他们的孩子不善于应对各种社交活动。还有一些家长则会在掩饰其社交焦虑症症状的过程中，将这种疾病固有的生活规则潜移默化地传给了孩子：坚信别人会带来危险；必须关注别人的想法；一定不要打扰他人，甚至为避重就轻而听从他人的意见。更有甚者用特别的方式和人交流：如情绪变化不明显，只注重事实，等等。以上这些家长的为人处世之道最终只会让他们教育孩子的方式变得病态：严格而自我贬低的家教，对完美孜孜不倦的追求……我们的一位病患曾悲伤地说："我的父母太吓人了……"

标记性事件

父母的影响并非是唯一引起社交焦虑症的原因，某些事件也可能会引发社交焦虑症的相关表现。它们如同新伤口一般慢慢扩散，于是常常或偶尔引发一连串的焦虑及惊慌举动。也许这会是发生在课堂上的一次羞辱，就像我们的一位女病患所经历的那样：7岁那年，她因被老师叫上黑板而尿湿了裤子，也可能是因为那些有别于其他孩子的特征（眼镜、皮肤或头发颜色等）。我们曾经治疗过一名先天性唇裂的年轻女子。她在童年时期颇为自己的畸形而苦恼；13岁时，班里的一位同学竟然公开在别人面前嘲笑她。于是这个事件成了她患上社交恐惧症的导火线，她的人生从此异常沉重，最后她不得不求助于医生进行治疗。

难道只有创伤是社交焦虑症的导火线吗？或者创伤只是暴露了社交焦虑症患者深藏不露的脆弱，如果同样的事情发生在另一个人身上，难道就一定风平浪静吗？其实凡事皆有可能。假如当事人受伤很深，那么他会永远记住那个事件。一名亚裔病患遭受过红色高棉的迫害，他尤其记得由某些参与者执行的那些无休无止让他公开坦白他们认定的政治错误的场合。这个事件足以解释他的社交恐惧症，特别是在当众发言或是口语考试的场合里。而被数学老师羞辱或是遭到班里某位同学投来嘲讽目光的故事，则更像是证明患者在事发之前就有一定的脆弱性，某些场合里发生的事件必然将其暴露无遗，但就这些事件本身而言，不过是个小小的创伤而已……

不均衡蔓延的全球通病

在遗传、基因、父母的因素以及个人、发展、事件的原因之间，是否会有社会学因素的一席之地？也就是说，社交焦虑症是一种全球通病还是与某些文化背景有一定关联？倘若患有重度社交焦虑症的人数在西方人口中相对稳定，那么患有社交恐惧症及逃避型人格的人数则有待研究。就后两种情形而言，它们似乎因文化而异。

一项针对胆怯而进行的跨文化研究指出，某些人群会比其他人群拥有更多的胆怯者。[1]无论是从长期还是短期的研究来看，最胆怯之人，当属日本人和德国人（焦虑症的患病率为60%和50%，发生率为82%和92%）；而以色列人和美国犹太人则荣获最不胆怯之人的称号（患病率为31%和24%，发生率为70%）。这项研究的负责人——津巴多（Zimbardo）教授[2]曾以开玩笑的口吻点评过这些研究数据："在日本，一个孩子如果成

1 Zimbardo P., *op. cit.*

2 菲利普·津巴多，1933年3月23日出生，美国心理学家、斯坦福大学退休教授，以斯坦福监狱实验和编写大学心理学教材而著称。——译者注

功了，父母就会以此为荣；如果他失败了，他们便会责备他。而到了以色列，如果一个孩子做了冠军，他会得到疼爱；倘若失败，要么是因为教练不好、体育场太吵，要么是因为全世界都对犹太人怀有敌意！”

日本精神病学家和心理学家从很久以前就开始研究他们称之为“大人惊风症”（Taijin Kyofusho）的社交焦虑症。[1]这里说的情形是患者只要一想到因自己的脸红、体味、胃肠气胀，或甚至只是因为他的某些态度，例如一个眼神、一个不得体的微笑，而冒犯他人，便会羞愧难当。这与西方作家所描述的社交恐惧症极为相似。但有一点不同，社交恐惧症是因为害怕自己不适；而“大人惊风症”则主要担心影响别人。西方人尤其害怕自己成为别人的笑柄，而非置他人于尴尬之地。[2]

由于日本社会与西方社会各具特点，所以人们可以解释这些差异：一个社会提倡融入团队的集体精神，而另一个社会则崇尚个性及独立。据某些研究者看来，1/3到2/3的日本人都患有不同的社交焦虑症。[3]在提倡个人服从家庭及集体的儒家学说的影响下，我们找到了“大人惊风症”在其他亚洲国家较为

---

1 Kleinknecht R. et coll., «Cultural variation in social anxiety and Phobia: A study of *Taijin Kyofusho*» , *The Behavior Therapist,* 1994, 17, pp. 175–178.

2 Ota et coll., «La phobie sociale: quelques remarques cliniques japonaises et occidentales» , *Annales de Psychiatrie,* 1989, 4, pp. 222–224.

3 Jugon J. –C., *Phobies sociales au Japon,* Paris, ESF, 1998.

常见的原因，比如韩国。[1]

一项对华裔或白种人的美国孩子所做的研究指出，和同龄的英国孩子比起来，中国孩子更为胆怯和压抑。[2]而另一项以中国香港大学生应对社交场合的能力为目标所做的研究则指出，他们难以表达自身的负面感受或者难以批评别人，但这不意味着他们没有其他能力。[3]他们所处社会的传统价值观尊重知识、阅历和权威，这足以让其意识到某些社交态度的不得体，而西方人却将之视为常态。

从社交要求到社交焦虑症

反向而言，一个全民追求个人成就、形象及克制的社会，难道就不会让更多的人患上社交焦虑症吗？我们的社会从某段时间起不也如此吗？事实上，这样的社会易使轻度社交焦虑症患者脆弱到不堪一击。这有一点儿类似于19世纪末的情形，当时全国义务教育匮乏，而就在那个时候，低能儿被纳入了教学

1 Lee S., *Social Phobia in Korea,* Séoul, The East Asian Academy of Cultural Psychiatry, 1987.

2 Kagan J. et coll., *Infancy: Its Place in Human Development,* Cambridge, Harvard University Press, 1978.

3 Chan D. W., «Components of assertiveness: their relationships with assertive rights and depressed mood among chinese collegue students in Hong Kong» , *Behavior Research and Therapy,* 1993, 31, pp. 529-538.

的范畴，尽管只是让他们完成一些简单的任务，但他们仍会被人们排斥，因为老师不能用人们习以为常的教学方法让他们学会读写。而我们社会中的交际也是具有矛盾性的：因为有了电话、商场，交际使社交焦虑症患者的生活变得简单了，而且也让他们避开了日益增加的当面和别人接触的场合（便于他们逃避）。但较之从前，交际也渐渐显示出它的调和功能，它让人们明白了若要成功，必须学会交际的道理……

正常情况下，我们还需承认社交焦虑症的起因及缘由仍然是一个未解之谜，但我们还是掌握了一些因素。社交焦虑症及其表现（行为、情绪或认知）类似于人类遗产，对于个人及种族的生存，它的作用不容小觑。8个月到2岁大的孩子若表现出了社交焦虑症，也属正常。很多情况下，人类的这种遗传传递得未免过于沉重，而社交焦虑症的先天因素也似乎是存在的。从遗传或先天性的角度而言，有的人来到世上，多少有些敏感的天性。面对各种新鲜事物时，他们的敏感一触即发，面对压力场合时的生理表现尤为强烈，比如心脏、瞳孔等。父母的某些行为可能会造成孩子焦虑的倾向，而父母本身也许就是社交焦虑症患者。最后，别忘了文化因素（性别、国籍、时代……），它们也会加重或减轻社交焦虑症。

但是说到底，所有这一切都是社交焦虑症的过去时，对于社交焦虑症患者而言，最重要的是他们的现在和未来，也就是说他们进化及改变的能力。但是他们要怎么做呢？

第四部分

怎样克服对他人的惧怕

和社交焦虑症相辅相成的疾病似乎也是人类生存条件的一部分。我们每个人不得不和他人接触，而且在某种程度上依赖于他们；然而我们也要表现出自己的个性，还要面对他人。每个人都要面对这两种情形，并设法摆脱困境，因为生命本来就如此。医生也许会就此对患者不吝赐教，可没有什么是完全可以从医学角度来解释的。至少，对于我们当中的很多人来说就是这样。然而，我们从这本书的开篇就提到过很多复杂而痛苦的病例，它们类似于人们难以启齿的疾病。对此，医生的建议可能甚于智者的良言。

从前，医学首要的作用是抢救生命或者减轻疼痛；而今，人们认为它的作用在于改善生活质量。因人类生活、卫生条件的改善及预防措施，这已成为事实。从那时起，人们便像治疗癌症或心律不齐一样去找医生咨询风湿病及痤疮。精神病的治疗亦是如此：它不再只针对有社交困扰的重度患者，而是开始介入轻度及隐蔽症状的治疗，如焦虑症或善饥症。然而在心理学的范畴内，如何界定这是关乎人类生存还是关乎个人舒适的治疗呢？

那么这是否就意味着：倘若我们与他人的关系不简单、不和谐，我们大家就都是有病的？肯定不是这样。社交焦虑症几乎囊括了精神病范畴内的所有疾病特征。传统医学，尤其在信奉天主教的国家里，并不重视痛苦。当今，战胜痛苦却成了治疗中不可或缺的步骤，特别是对重大疾病而言，比如癌症。人们不仅懂得了忽视痛苦是不道德的，同时也明白了这种态度还会使治疗的过程变得尤为艰难。焦虑症的治疗亦如是，人们常常对焦虑症熟视无睹，却不知它后患无穷。

因此，真正的问题不是人们不知道应该去治疗，而是何时去治疗。[1]而作为医生的我们，要针对什么程度的焦虑、不适或痛苦，才会提议当事人去进行治疗或同意对其实施治疗？只有情非得已时，患者才会做出去治疗的决定。演讲者自身感受到的微妙惧怕，只会在发言前的几秒钟里让他感觉凌乱，然而这显然是不需要去治疗的；而社交恐惧症一旦发作起来，完全可能阻止当事人走出家门或拿起电话。所以，社交恐惧症是必须要治疗的。但介于两个极端之间的其他情形呢？职场受挫、情场失意的胆怯之人是否该接受治疗呢？还有那个孤独的人，既不与人交往也没有朋友，生活单调，百般不顺，当他的姐姐邀请他和陌生人共进晚餐时，便借酒浇愁，他是否该去治疗呢？

当然，这一切都取决于当事人的意愿。但是我们治疗的方

1　Stein M. B., «How shy is to shy?» , *Lancet*, 1996, 347, pp. 1131-1132.

法是什么？要怎样摆脱困境？

第一个步骤显然是击碎某些人为障碍。这些障碍可能只是因为不了解问题的所在（“我觉得大家多多少少也是这样的”）；或者因为不知道可能存在的解决办法（“这就是我的个性，没人会这样”）；也许是因为感觉羞耻，抑或是因为害怕就医，害怕自己被扣上“精神病”的帽子。而最难击碎的是社交焦虑症患者的保留态度，他们几乎毫不动摇自己逐渐支起的平衡。社交逃避如若日积月累，人生便会残缺不全。但它却让人产生短暂的愉悦感。而无论是全科医生还是精神病科医生，他们本身也有类似于患者的障碍：“这没什么，每个人都会遇到，不要再想了，会过去的……不管怎么说，这没什么大不了的！”

如果患者还是一个孩子，那么将遭遇到的事情常规化是很危险的。无论家长还是老师，甚至孩子本人都绝不要回避所有可以告知的事物，而且也不必夸大事实本身。[1]当然，孩子通常生活在呵护有加的环境里，很长一段时间内，社交焦虑症并不会对其造成真正的干扰。但以后呢？说到青少年，我们不应该忘记属于这个年纪的障碍。准确地说，社交恐惧症对这个年龄段的影响是最为严重的，人们也领教过它的恶性后果。

第二个步骤是在1001种治疗方式中寻找最适合自己的那种。我们在此书中只介绍了由科学研究证明有效的治疗方法。然而我们未必就会忽视其他治疗方式，只不过是因为迄今为止它们还未在多数人身上发挥作用而已。

第三个步骤是着手进行已经选择好的治疗方式，但前提是当事人必须知道选择了哪种方式。

1 De Saint-Mars D., Bloch S., *Max est timide,* Paris, Calligram, 1992.

个人努力克服障碍还是通过治疗来克服

这份小小的问卷将帮助你思考自身蜕变的能力：你会独自完成还是寻求帮助呢？

	是	否
你常常注意到自己面对相同社交场合的次数越多，焦虑就越少		
你能在社交场合里控制自身的焦虑，即使焦虑有时让你不堪负重，但很少让你惶恐		
即使一想到别人可能会注意到你的社交焦虑症，你会觉得不舒服，但也没有产生羞耻感		
你努力克服惧怕，你可以做到常常去思考这些惧怕的原因，并最终明白它们的极端性		
你难以应对他人的目光，但几天甚至更长的日子里，你都不会为此而产生羞耻感		
你不会觉得很抑郁		
你更不会借酒浇愁来缓解自己的社交焦虑症		
你有一份工作		
你有几个朋友		
你定期地看望家庭成员		

假如你有六个以上的答案为“是”，也许你可以通过自己的努力改善社交焦虑症。

而假如你只有六个或六个以下的答案为“是”，你或许需要向社交焦虑症方面的专家寻求帮助。

第十一章

药物治疗还是心理疗法

Médicaments ou psychothérapie?

患者不会要求医者说话中听。

——塞内卡（Sénèque）

今天我们要好好说说人们滥用的精神药物，也就是那些作用于神经系统的药物。极具讽刺的是，说别人滥用精神药物的人往往就是那些需要这些药物或遵循医嘱服药的人。这场辩论中的双方都坚持自己的原则，并将各自的论点发扬光大。他们都想知道利用化学药品来缓解精神痛苦是不是正确的治疗方式，而且一定要给出是或否的答案。当然，极有可能出现误服精神药物的情况。[1]这种情况的发生可能与医生有关，要么是因为他没有时间认真聆听病患需求，要么是他还未完全掌握心理治疗的方法；然而问题也可能出在患者身上，他要么病急乱投医，要么消极应对医生要求过高的治疗步骤。其实大可不必完全拒绝使用精神药物。恰恰相反，它们的优点就在于能帮助

1 Zarifian É., *Des paradis plein la tête*, Paris, Odile Jacob, 1994.

病患缓解病情。医生采取的正确步骤一定要对病患有利。药物治疗有效吗？会产生副作用吗？有哪些副作用呢？一种药物可以被至少一种同样有效的其他药物所替换吗？毫无疑问，这些问题开门见山，具有一定的专业水准。用人们更容易理解的话来说，就是这些药物能为我们带来什么呢？它们可以让我们免去治疗吗？它们的种类和作用分别是什么？

精神药物在社交焦虑症病例中的使用规则

1. 治疗势在必行，但须有成效。有时病人治疗很久却未见好转，甚至产生了副作用，此类情况时有发生。

2. 治疗须在病人的配合下完成，其适应症应大于其副作用。

3. 治疗应该遵循医嘱，剂量由医生控制。

4. 处方应具有有效期，其有效性应被定期评估。

5. 用药应配合心理辅助治疗，心理陪伴、追踪必不可少，最佳选择是药物治疗辅以心理治疗。

精神药物的优势

治疗社交焦虑症的精神药物使得人们得以缓解精神痛苦，并走上自我改变之路。它们是患者的拐杖，能在当事人不能做到独自前行时加快其改变进程。但很少有人只需使用药物便可治愈疾病。对付恐惧他人的药丸还未问世，倘若有朝一日，人们发明了这种药丸……置人于困境的社交焦虑症都需要使用药物，而精神药物辅以对症的心理疗法为其首选。如此，既可加速患者的治疗过程，更能在其结束治疗时防止复发。[1]

β－受体阻滞药

这类药物用于治疗高血压、心绞痛等心血管疾病，可预防心肌梗死，尤其能有效治愈偏头痛。心脏病科医生早已知道这些药物对他们的某些病患能起到一定的心理疗效，故将其作为处方药开具。自1966年起，它们渐渐进入精神病学使用药品的范畴，该年为此领域内的第一个临床案例研究取得成功的年份。[2]今天，人们普遍认为它们可以缓解某些社交焦虑症的生理症状，如心跳过速、颤抖等。

一名调皮的病人某日问我们：之所以将这些药物叫作β－受体阻滞药，是否因为它们是用来排出β－受体的？其实，如此命名这类药物是根据它们的使用方法而定的，它们被应用于人体不

1 Laingui M., Légeron P., «Chimiothérapies et abords cognitivo-comportementaux des phobies sociales» , *Synapse*, 1993, 99, pp. 70-79.

2 Granville-Grossman K. L., Turner P., «The effect of propanolol on anxiety» , *Lancet*, 1966, 1, pp. 788-790.

同器官的小范围内，也就是被用在那些β－受体上。用在这些器官上的儿茶酚胺或应激激素，如去甲肾上腺素，尤其是肾上腺素发挥了作用，它们会使心跳过速、皮肤出汗及口舌干燥等等。而β－受体阻滞药的作用就在于阻断这些激素发挥作用。[1]

针对小提琴手进行的一项研究表明，β－受体阻滞药能够有效缓解惧怕。[2]音乐家不仅缓解了焦虑，而且演奏乐器的技艺也突飞猛进。这类药物可以让他们停止颤抖，琴弓也相应地不在琴弦上反弹了。人们还在音乐领域中注意到，β－受体阻滞药改善了管乐器演奏者口舌干燥的情形。[3]然而有利必有弊，患者服用了这种药后，他们音乐表演的品质会有所下降，并表现出一定的社交焦虑症。研究者发现，大学生[4]及报告人[5]也会有相似的情况发生。

然而需要引起注意的是，β－受体阻滞药不应被随意使用，在某些情况下甚至要慎用或忌用。几类心脏病、哮喘患者均不能使用该药物，且它也不能与某些药物同时使用。因此只有在医生核实了病人的情况后，才能将其作为处方药开具。该类药

---

1 Laverdure B. et coll., «Médications bêtabloquantes et anxiété» , *L' Encéphale*, 1991, 17, pp. 481-492.

2 James I. M. et coll., «The effect of oxprenolol on stage fright in musicians» , *Lancet*, 1977, 2, pp. 952-954.

3 Brantigan C. O. et coll., *op. cit*.

4 Krishnan G., «Oxprenolol in the treatment of examination stress» , *Current Medical Research and Opinion*, 1976, 4, p. 421.

5 Hartley L. R. et coll., «The effects of beta-adrenergics blocking drugs on speaker's performance and memory» , *British Journal of Psychiatry*, 1983, 142, pp. 512-517.

物只会对焦虑症患者产生作用，它们不会提高没有恐惧症的人的业绩水平。它们只针对表现社交焦虑症的情形，即场合、时间、空间明确，患者的生理症状反应巨大且状况百出的时候。而对于广泛的社交恐惧症、逃避型人格，以及怯场的惧怕，它们的效果并不明显。[1]

无论是何种原因，患者最好在进入问题横生的场合前的一两个小时内服用药物。根据患者服用的剂量，药效会持续几小时。我们常常注意到：随着时间的流逝，他们对这些药物的依赖会渐渐减少，也就是说对它们的需求越来越小。这也许是因为患者情愿去面对那些可以帮助治疗的场合，他们日益融入其中，因此也可以不必依赖于药物。[2]

β－受体阻滞药的用药指导

1. β－受体阻滞药的服用应遵循医嘱（此类药物有一定禁忌）。

2. 该类药物只在令人手足无措的表现焦虑症中发挥作用（如当众发言时强烈袭来的焦虑），对广义社交恐惧症及胆怯而言作用不大。

3. 应在进入引起焦虑的社交场合前约一小时服用。

4. 该类药物不会立刻缓解主观感受的心理焦虑及预知焦虑。

---

1 Liebowitz M. R., «Pharmacotherapy of social phobia» , *Journal of Clinical Psychiatry*, 1993, 54, pp. 31–35.

2 James I. M. «Aspects pratiques concernant l'utilisation des bêta–bloquants dans les états d'anxiété: l'anxiété de situation» , *Psychologie médicale*, 1984, 16, pp. 2555–2564.

5. 该类药物能有效缓解焦虑引起的身体症状（心率加速、喉咙干燥、胸闷等）。

6. 该类药物控制住了不断上升的焦虑指数（患者不再只是关注自身的害怕表现，而能够回想起他人所言所行），致使社交焦虑症恢复至正常状态，患者可以将其控制。

相对而言，法国限制 β-受体阻滞药的使用，而镇静剂则是医生常常为患者开具的处方药。只有一类 β-受体阻滞药（Avlocardyl）是官方唯一认可的可以在法国作为处方药开具使用的药品，针对“心血管疾病短期表现为心动过速或心悸的情形”。[1]而在英美等国，使用 β-受体阻滞药的治疗早已被广泛接受。一项针对美国某个重量级职业音乐家协会所做的调查指出，该协会近30%的成员为追求完美表演而服用 β-受体阻滞药。[2]他们中3/4的人进行自我治疗时会使用到这类药物，而且96%的人对药效颇为满意。另一项以心脏科医生为对象的调查指出，如果遇到开会时要在其他同事面前交流的情形，则13%的医生会选择提前服用 β-受体阻滞药。[3]

---

1 *Dictionnaire Vidal,* Paris, 2000.

2 Fishbein M. et coll., «Medical problems among ICSOM musicians: overview of a national survey» , *Med. Probl. Performing Artists*, 1988, 3, pp. 1-8.

3 Gossard D. et coll., «Use of beta-blocking agents to reduce the stress of presentation at an international cardiology meeting: results of a survey» , *American Journal of Cardiology*, 1984, 54, pp. 240-241.

镇静剂

患者服用镇静剂缓解其社交焦虑症也许是合情合理的。然而，经临床证明，镇静剂对治疗焦虑症的效果并不明显。苯二氮卓是被使用得最广泛的镇静剂的学名，缓解焦虑症的心理症状效果显著，而针对某些生理症状，如肌肉紧张，它也有一定作用。它可以缓解焦虑症的主体感受，而且几乎不对当事人的社交行为造成影响。服用镇静剂后的社交焦虑症患者会感觉良好，但不一定会去努力和他人交流或比以前更勇敢地直面他人的目光，他或许仍会坚持自己的逃避策略。在某些情况下，苯二氮卓甚至会令当事人更想逃避这些引起焦虑的场合[1]，并在停药后表现得更为焦虑，这就是我们所说的“反弹效应”。[2]此外，苯二氮卓还会对病人造成依赖性，长期服用后，它的疗效也越来越小。所以，针对社交焦虑症而言，医生越来越不主张将它作为处方药使用，除非限定服药时间。目前，医生只是在与社交焦虑症相关的重度广泛焦虑症的病例中才会使用到它。

然而，好几个调查都指出，镇静剂仍是治疗社交恐惧症最

1 Cottraux J., *Les Thérapies comportementales et cognitives*, Paris, Masson, 1990.

2 Bruce T., *Effects of alprazolam, propanolol, and placebo on extinction and its transfer in a socially phobic individual* , communication au 27ᵉ congrès annuel de l'AABT, 1993, Atlanta.

为常见的处方药。[1]

抗抑郁剂

为社交焦虑症患者开具抗抑郁药物似乎不合情理，因为他们中的很多人并没有患上抑郁症。然而，诸多研究证明了抗抑郁药物在治疗社交恐惧症上的疗效，而且对逃避型人格患者而言，也有一定疗效。[2]它们有效改善了各类社交焦虑症的症状，包括情绪、行为及认知。

并非所有类型的抗抑郁药物都是有效的，从多数研究结果来看，传统抗抑郁药物（主要是三环类抗抑郁药，如此命名是因为它们的化学分子结构是由三个交错的环形结构组成的）的治疗效果不是那么明显。相反，某些单胺氧化酶抑制剂（小型脑酶可以调节情绪，缓解抑郁）可以改善某些重度社交焦虑症。[3]说到这里，我们也需要了解这类药物同样也可以缓解某些特殊抑郁症，即所谓的非典型抑郁症，而且疗效最为显著。

---

1 Bisserbe J.-C., Weiller E., Boyer P., Lépine J.-P., Lecrubier Y., «Social phobia in primary care: level of recognition and drug use» , *International Clinical Psychopharmacology,* 1996, 11 (suppl. 3), pp. 25-28.

2 Liebowitz M. R. et coll., «Social phobia: review of a neglected anxiety disorder» , *Archives of General Psychiatry,* 1985, 42, pp. 729-736.

3 Versiani M., Nardi A. E., Mundim F. D. et coll., «Pharmacotherapy of social phobia: a controlled study with moclobemide and phenelzine» , *British Journal of Psychiatry,* 1992, 161, pp. 353-360.

非典型抑郁症是指患者对任何形式的批评或排斥都极度敏感。这当然不是巧合。

5- 羟色胺再摄取抑制剂 ISRS 的用药指导[1]

1. 5- 羟色胺再摄取抑制剂 ISRS 必须遵循医嘱服用（有一定禁忌）。

2. 该药适用于广泛社交恐惧症，对短期社交焦虑症或胆怯并无作用。

3. 患者应长期每日服用该药（至少半年）。

4. 该药发挥作用的时段为一至三周，在此期间，它们的药效并未完全体现。

5. 该药可控制社交焦虑症的程度，患者服用之后焦虑会有所缓解（药物不会使患者发生直接变化，他们总是——至少在开始的时候——有社交恐惧，但很少因恐惧而失去平衡）。

6. 事实证明，如果当事人配合，该药会帮助他们逐渐面对那些曾经逃避过的社交场合，并养成去面对的习惯。

7. 该药也有稳定患者情绪的疗效（当事人鲜有情绪不高的时候）。

然而，新一代的单胺氧化酶抑制剂，虽然方便服用，但其药效却让人大跌眼镜。它们对社交恐惧症的治疗并不如人们期

---

1 Millet B., André C., Deligne H., Olié J.-P., «Potential treatment paradigms for anxiety disorders» , *Expert Opinion in Investigational Drugs,* 1999, 8, pp. 1589-1598.

待中那样疗效显著。[1]

目前看来，最有前景的药物当属5-羟色胺再摄取抑制剂了。[2]人们也将5-羟色胺称为血清素，因为它在大脑皮层质及神经突触内含量很高，是一种极为重要的神经递质。血清素最早是作为抗抑郁药来使用的，它能有效缓解恐慌症及强迫性神经症的焦虑。因此，近几年来它被专业人士广泛推荐使用。最近，好几项研究都指出，它对社交恐惧症的疗效显著。[3、4]

好几项研究均指出，这类药物中的另一种——帕罗西汀，药效显著[5、6、7]。专业人士对该药极为认可，它在治疗社交恐惧症上很有市场。美国、加拿大及绝大多数欧洲国家（如英国、比利时、荷兰、德国、瑞士、意大利、西班牙、葡萄牙……）都将其作为首选药物。而该药目前在法国却进展不顺，因为药监局的某些专家反对药品商业化，也许在很大程度上是出于担

1 Schneier F. R. et coll., «Placebo-controlled trial of moclobemide in social phobia» , *British Journal of Psychiatry,* 1998, 172, pp. 70-77.

2 Davidson J. R. T., «Pharmacotherapy of social anxiety disorder» , *Journal of Clinical Psychiatry,* 1998, 59 (suppl.), pp. 47-51.

3 Katzelnick D. J. et coll., «Sertraline for social phobia: a double-blind, placebo-controlled crossover study» , *American Journal of Psychiatry,* 1995, 152, pp. 1368-1371.

4 Stein M. B. et coll., «Fluvoxamine treatment of social phobia (social anxiety disorder): a double-blind, placebo-controlled study» , *American Journal of Psychiatry,* 1999, 156, pp. 756-760.

5 Stein M. B. et coll., «Paroxetine in the treatment of generalized social phobia: open-label treatment and double-blind placebo-controlled discontinuation» , *Journal of Clinical Psychopharmacology,* 1996, 16, pp. 218-222.

6 Stein M. B. et coll., Paroxetine treatment of generalized phobia (social anxiety disorder): a randomized-controlled trial. JAMA, 1998, 280, pp. 708-713.

7 Baldwin D. et coll., «Paroxetine in social phobia/social anxiety disorder» , *British Journal of Psychiatry,* 1999, 175, pp. 120-126.

心处方药失控（“我们将给所有的胆怯之人都开具处方药，而不再只是针对社交恐惧症患者”）。批准该药品在法国（也许将会是最后一个认可该药品的西方国家）投入市场困难重重，那些体会过焦虑症障碍和痛苦的人士对此颇为讶异，甚至感到不快。这些困难也让人们认识到社交恐惧症是其表亲，甚至可以叫作远亲——胆怯——的受害者。我们不妨去想一下，适用于社交恐惧症的帕罗西汀在英国已被商业化，成为缓解焦虑症的重要角色。而在法国，很多记者却对医生用药治愈胆怯而吃惊不已。[1]然而无论何时何地，针对病态及令人手足无措的社交焦虑症，处方药的批准都是明文规定、小心谨慎的。

那么，为什么还会有抗议的声音呢？难道因为人们禁止使用抗抑郁药的借口是怕它会被作为处方药开给伤心之人吗？这也让人们清楚地认识到社交焦虑症可能和我们每一个人都息息相关，我们每个人都有可能深受其害，因此有关方面只能合理宣称，这类药物只能用来治疗重度焦虑症。尽管我们对不能立即将该药品投入市场感到遗憾，但我们也知道行政拖延只能持续一段时间。科学依据终将战胜一切困难，对于那些痛苦的广泛社交恐惧症及障碍社交恐惧症患者而言，只要他们需要，这些有效药物就应被作为处方药开具。更何况，新的药品还会开

1　Georges P., «Le martyre du timide» , *Le Monde*, 7 octobre 1997, p. 32.

发出来，它们的药效值得我们共同期待。[1]

抗抑郁剂不能作为常规药物使用，药效显著的药品是有副作用的。它们不能像β-受体阻滞药一样可以随时作为处方药被开具给患者服用。一旦医生将其作为处方药开具，那么其疗效就应在几个月后显示出来，一般时效为6～12个月，有时甚至更长。患者停药后，可能会有复发现象，[2]因此药物治疗还需与心理辅助结合起来。

认知行为治疗

针对社交焦虑症，认知行为治疗是使用频率最高的心理疗法。[3]这种疗法成了绝大多数研究的对象，其有效性也因此而得以证明。认知行为治疗的目标是直接干预患者的思维和行为方式，经研究证实，它的主要着眼点放在患者不合理的思维方式及行为惯性上，又很大程度上造成了患者的各种心理障碍。也就是说，要纠正错误的认知，就得学会转换思维、行为方式。患者应毫不犹豫地将功能障碍的原因放在次要地位，因为

1 Kelsey J. E., «Venlafaxine in social phobia» , *Psychopharmacology Bulletin*, 1995, 31, pp. 767–771.

2 Liebowitz M. R. et coll., *op. cit.*

3 André C., Légeron P., «Thérapies cognitives de l'anxiété sociale et de la phobie sociale» , *Psychologie française*, 1993, 38, 3/4, pp. 231–240.

迄今为止，既无科学研究也无临床试验可以证明人们知道了自己是社交焦虑症患者的原因后就能缓解其社交焦虑症。而且，也没有哪项研究表示过用行为疗法治疗过的病人会有复发的情况或是并发其他症状，虽然某些未做过全面了解的治疗医生曾经提到过。因此专攻社交焦虑症的治疗医生应倾向于关注患者目前具体的改变方法，并为之付诸努力，而不必再为他的过往经历或无意识纠缠不休。

这也解释了此类治疗法的拥护者与心理分析支持者之间由来已久的争执。“您不研究原因，只想改善症状，然而只要有机可乘，症状就又复发了。”分析家如是说。“所以您大可证明您能改变原因啊，”认知行为主义者则反唇相讥，“您的治疗效果甚至都无法评估！”[1]如今这场论战已不再激烈。未来将会告诉我们无论哪种学派赢得胜利都不重要，因为它们都有各自的适应症（以患者性格或其症状发展程度而定），届时新的治疗方法也会出现。因为当今的心理治疗方法不断推陈出新：人际心理治疗[2]、针对性强的各种行为治疗等[3]。再补充一点，还有技术性的行为治疗，如催眠。[4]

1 Marks I., *Traitement et prise en charge des malades névrotiques*, Chicoutimi, Gaëtan Morin, 1985, pp. 262–264.

2 Lipsitz J. D. et coll., «Open trial of interpersonal psychotherapy for the treatment of social phobia», *American Journal of Psychiatry*, 1999, 156, pp. 1814–1816.

3 Turner S. M. et coll., «Two-years follow-up of social phobics treated with social effectiveness therapy», *Behaviour Research and Therapy*, 1995, 33, pp. 553–555.

4 Schoenberger N. E. et coll., «Hypnotic enhancement of a cognitive behavioral treatment for public speaking anxiety», *Behavior Therapy*, 1997, 28, pp. 127–140.

无论哪种治疗方法，无论其成就或成绩如何，也无论治疗对象是集体或个人，针对社交焦虑症患者所使用的认知行为疗法疗效显著，而且大量科研成果均可为证。[1]或许还可以用另一个因素来解释这类治疗方法与日俱增的受欢迎程度，那就是人际关系的质量，即治疗医生与患者之间的默契程度。使用心理分析方法的治疗医生好像不受病人影响，他观察患者，始终保持中立。而认知行为治疗则不同于传统疗法，它假设医生也被患者牵连其中，特别是医生必须要经常尽可能地向患者解释障碍、机制及选择相应的治疗方法的原因，他也应该做到尽可能清晰、明确地回答患者提出的所有问题。同样，医生要经常表示，他不会强加给患者治疗指导，当他向患者介绍治疗步骤时，应将其视为失败情况下的假设检验及排除。治疗目标是由医生及患者双方共同确定及评估的。最终医生会要求患者每次来咨询的时候都完成一些训练任务，目的在于实践咨询过程中医生所提议的方法。这里所说的方法其实是医生教给患者改变自身方法的持续运用，并能做到在治疗结束后独当一面。[2]这也是需对此类治疗方法做长远打算的原因。当然，只要患者自愿配合、实践，并辅以自我观察及一定的反省能力，他的症状是能治愈的。

---

1 Taylor S., «Meta-analysis of cognitive-behavioural treatments for social phobia» , *Journal of Behaviour Therapy and Experimental Psychiatry*, 1996, 27, pp. 1-9.

2 Van Rillaer J., *La Gestion de soi*, Liège, Mardaga, 1992.

我们能将心理疗法和药物治疗合二为一吗

我们已经说过服用精神药物期间必须尽可能与心理疗法，或是与能提供信息及建议的心理陪伴结合起来。药物最主要的作用是缓解焦虑，然而患者的恐惧反射及反应都已根深蒂固，只有依靠他本人的努力或是心理疗法，定期实践及获得面对新场合时的行为，这些反射及反应才可根除。[1]同样，心理疗法一般在治疗初期需要以药物作为启动器。所以将这两种治疗方式对立起来毫无用处，临床上常常将两种方法结合起来治疗重度社交焦虑症：能娴熟结合两种治疗方法对患者进行治疗的医生甚感欣慰。[2]然而也有研究将药物治疗和心理疗法进行了对照。在相关研究中，一份最具说服力的研究指出：3个月的治疗，可用抗抑郁剂单胺氧化酶抑制剂（比如苯乙肼，在法国没有），也可用团体行为疗法，药物治疗在短期内具有优势，而在中期治疗中，心理疗法就更胜一筹了。[3]

---

1 Shear M. K., Beidel D. C., «Psychotherapy in the overall management strategy for social anxiety disorder» , *Journal of Clinical Psychiatry,* 1998, 59 (suppl.), pp. 39–44.

2 Gould R. A. et coll., «Cognitive–behavioral and pharmacological treatment for social phobia: a meta–analysis» , *Clinical Psychology and Scientific Practice,* 1997, 4, pp. 291–306.

3 Heimberg R. G. et coll., «Cognitive behavioural group therapy vs phenelzine therapy for social phobia» , *Archives of General Psychiatry,* 1998, 55, pp. 1133–1141.

如何真正进行认知行为治疗

无论是药物治疗还是无药疗法，它们的出发点几乎是一样的：使治疗医生可以帮助患者面对他害怕的场景，同时培养他与人交往的能力，并让他学会控制极端的负面想法。简而言之，就是要回答三个问题：怎样才能不逃避？怎样与他人沟通自如？怎样转换角度来思考？

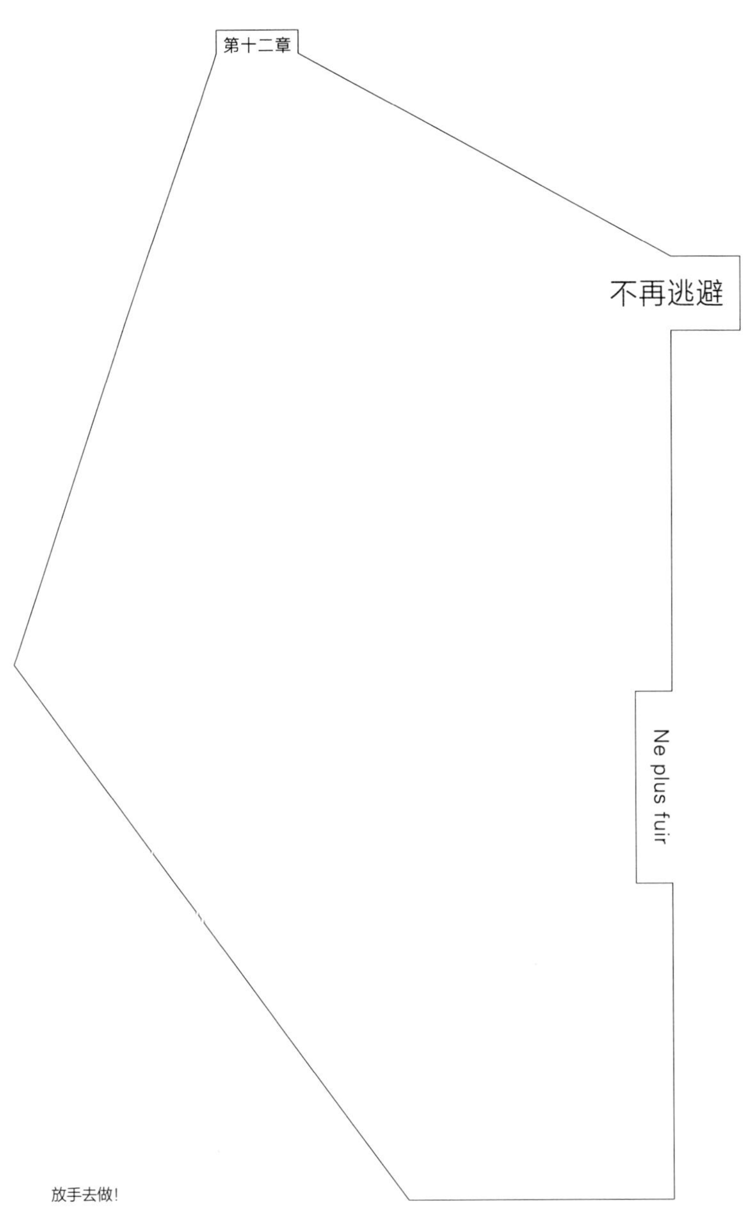

放手去做！

社交焦虑症患者倾向于逃避及故步自封，这是他们的常态。这样的倾向有助于他们缓解焦虑，而且会很快转变成患者不由自主的行为。所以摆脱这种困境的初期阶段便是让其慢慢养成面对令人生畏的场合的习惯。[1]接下来要做的，是在没有治疗的情况下，应对突然发生的事情，应对从某种程度来说必然出事的场合，如此，症状才会得到改善。大部分孩子都会遇到这样的情况：假如家长不孤立他们，让他们接受开放式的生活方式，随着孩子的成长，不断地和他们相聚、分离，那么孩子正常的社交焦虑症会在8个月到两年的时间里消失殆尽。

有几种简单的面对方法可以加速焦虑症缓解的过程，其出发点如下所示：如果人们一再逃避，便会一直害怕下去（“如

1　Hope D. A., Heimberg R. H., «Social phobia and social anxiety» , *in* Barlow D., *op. cit.*

果我没有逃避，必然大难临头”）；但如果人们勇于面对，根据众所周知的行为学规则来看，直面畏惧之事，最后总会发现焦虑有所缓解。

面对的主要过程

发现与场合—问题相关的障碍	“我会在哪种场合里感觉到社交焦虑呢？”
列举这类场合	“是哪些场合呢？”
给这些场合从最容易应付到最难面对划分等级	“首先，哪些场合是让我安心的？然后，哪些场合是我想逃避的？”
准备面对场合	“面对这些场合我应该怎么做？”
计划面对	“我该按什么样的步骤，在什么时候去面对它们？”
直面	“我一定要面对。”
评估结果	“什么是可行的，什么是要换个角度思考的？”
常规化	“几次面对都很成功，就算是没有准备好，我也勇于面对了。”

具体化

对一个从未成功解决过的问题来说，尤其是这个问题根深蒂固且错综复杂，最好的办法就是把握全局，从大局的角度来剖析它。当病人咨询的时候，我们常常注意到他们不知道如何讲述自身的障碍，因为这些障碍对于他们来说既模糊又凌乱。所以我们在治疗初期的一项任务就是帮助他们更清楚或更准确地看待问题，并分析问题的不同成因。他们常常将自身对社交焦虑症的意识总结成几句话："我自我感觉很糟""我不善于社交""我害怕和他人交流"……只要他们将自身障碍一概而论，那么他们很难做出改变，因为他们不知道自己该朝哪个方向努力。一切事情都被他们混为一谈，结果便是他们的问题仍然没有解决，而身边的人也只能习惯性提议："要振作起来……"

因此，最理想的办法就是把问题分割成一系列的小问题，然后分别处理它们。不妨设想一下你必须要整理的乱七八糟的房间。如果你的脑海里只有混乱，而且将其视为一个必须要立刻解决掉的大问题，那么你马上就会被力不从心或放弃的感觉所吞噬。但如果你决定分割问题，比如先将物品对应房间，那么你的行动就是有效率的，甚至可以用颇有成效来形容。

也就是说，要做出改变（要么改变自己，要么改变行为），就必须甩掉类似于"我胆小"的定论，然后问问自己何时、何地、与谁、做什么等问题。再用几天时间理清那些最容易状况百出的场合。最终我们会从关注自身消极障碍的人转变成踊跃融入场合的人。

患者接下来需要为其社交场合里的焦虑建立排行榜。哪种环境里的社交焦虑最为强烈？哪种场合会引起最强烈的焦虑感？经常逃避哪些场合？准备这个步骤的目的是要去面对，同时明确自己会从哪些场合开始行动：以过来人的经验来讲，一般从相对安心的场合开始，而最为难的场合则是在治疗接近尾声时使用的。其中最重要的步骤就是要对即将面对的场合细节分析到位[1]：对方的性别及身份、是否有其他旁观者在场、场合中如有突发状况是否可以采取预防措施等。每一个细节都能左右患者的焦虑程度。

面对

如果患者很久都没有置身场合中，或是从未面对过，那么他需要做些准备工作以及接受训练。而且，在准备和训练的过程中，治疗医生也能更好地理解他的思维方式和行为，以便帮助他培养新技能，同时也可以验证病人确定的目标是否可行。

这个步骤的目的是让病人意识到他能去面对场合，而且不会造成灾难性的后果。要做到这一步，需要长期面对场合的训练。在患者希望退出场合之前，其焦虑应该减少了至少50%。如果病人的焦虑极为强烈，那么需要治疗医生陪同他共同完成某些步骤。我们的一位女同事正在治疗一位重度恐惧症患者，她训练病人向商家询问信息的能力。但某天，女同事竟因此深感尴尬。她工作的地方就在旅馆对面，因此，她提议病人去询问旅店房间的价格，然而旅店前台却向他们投来了异样的目

1 Hope D. A., «Exposure and social phobia: assessment and treatment considerations», *Behavior Therapist*, 1993, 16, pp. 7-12.

光，此时，她突然明白自己为病人制定的这个步骤有些暧昧。于是她突然感觉到和患者一样难堪，而她的病人正费力地向前台询问带浴缸及无浴缸的房间价格……

尽可能地对每一次面对的场合进行评估。有时，当治疗医生将行为评估为成功的面对时，患者却认为置身于灾难之中，这就是为什么一定要将目标合理化，并遵循循序渐进的原则。不要指望不敢当众发言的患者第一次训练的时候就能自在、生动地讲十分钟的话：他的第一次训练可能会因为听众几句赞扬的话语，或是声音很小的提问而受到影响。然而重要的是他去面对了，虽然不尽如人意。接下来，便是反复训练患者，随着他的焦虑的缓解，他的自在也会流露出来。

计划面对场合并付诸实践一段时间之后，我们总会在患者身上看到一种常规化的现象，也就是说他会自发地去面对越来越多的场合，而不再只局限于治疗中所接触到的场合。

阿兰的惧怕

阿兰，43岁，中学老师。某天来向我们咨询他的广泛社交恐惧症。较之他而言，他的哥哥似乎患有中度社交恐惧症。他说自己的父母是属于社交型的人，但他说这话时有些保留。从进入大学学习开始，他的障碍随之而来。他从前有很多朋友，在中学的小世界里他也曾如鱼得水。然而大学的第一个学期却让他不堪重负：他要面对二十多个学生完成口语考试，他显得慌乱无比。从那时起，他便将自己封闭起来，如无必要，他绝不出现在社交场合里。大学毕业后，出于家族传统的原因，他选择了从事教育工作。但或许也因为他对高中时光的怀念，他把那个时期叫作黄金年代。他患有社交恐惧症，尽管有时症状发作到让他感觉不适，但并没有影响他作为数学老师的职业操守：他和学生们在一起时，表现得很自然。他上课的班级要么人数不多，学生们都很听话；要么是正在备考的高中毕业班，在这样的班级里，学生重视的是学年末的挑战，所以不会放任自流。但他与成人（除了家人和儿时伙伴等应该维护的关系）在一起却成了他要面临的巨大考验。他有时会通过饮酒或服用镇静剂来缓解焦虑。阿兰没有抑郁，他的人际关系维护得很好。但他却在面对社交场合时焦虑感强烈，而且常常因此而逃避社交场合，最终这些都成为了他的障碍。所以治疗医生在征得他同意的情况下，决定从让他面对场景开始。

他和治疗医生先列出了一份场合—问题清单。如下表所示：

对引起阿兰焦虑的场合的评估

场合—问题	焦虑症（0～10）	逃避（0～10）
某个星期六的晚上去看电影，不得不排队	3	3
走一些行政程序（银行、社保……）	3	4
在他人的注视下签支票	5	5

（续表）

场合—问题	焦虑症（0～10）	逃避（0～10）
在商场里长久地询问商品信息	5	6
和同住一幢楼房的邻居在停车场、楼梯或者信箱前聊天	5	7
接受新同事的邀请去他家共进晚餐	6	7
一次班会中讲了几分钟的话	7	8
鼓起勇气邀请女同事去电影院或餐馆约会	9	10

这份清单列出之后，阿兰向我们吐露了心声："这是我第一次开始思考与目标有关的问题，而不是光想着抱怨了。"接着，他需要根据自己的焦虑程度以及最想逃避的场合来划分等级。数字0意味着没有焦虑，也从未在这种场合逃避过；而数字10则表示最强烈的焦虑，接近于恐慌突发的状态，以及对场合绝对的逃避。中间数字则用来鉴定患者的不适程度，5代表焦虑严重，但仍能承受，常常趋向于逃避。

然后应该重新审视每一个场合，并了解阿兰对场合的看法。在第一种场合里，阿兰说："人们将会看到我孤身一人，而大家都成双成对或三五成群地去看电影……人们会发现我很紧张，表情奇怪。如果他们紧盯着我，我会惶惶不可终日。"他坦白这些想法既无理又极端，但只要他一想到自己一个人在电影院前排队的情景，这些想法便在他脑海中不断闪现。

所以，治疗医生必须要改变他的思维方式，并创造一些条件使阿兰能够对自己说："不只是我一个人去看电影。倘若我仔细观察，相信会发现很多孤单的人。我自然是有权独自出门的，还有，人们也没有把时间浪费在观察我上面。他们大不了觉得我胆小如鼠，而我还是要一个人排队看电影。如果我真的觉得不舒服，那就回家好了。"若真如此，他的焦虑指数便会下降1～2分。

接下来该对其行为进行评估。首先设计一个角色扮演游戏。游戏中，治疗医生通过几个具体问题请阿兰描述在这个场合里他所呈现的状态："我低着头不敢看人，我小声地和收银员说话，她让我再说一遍，我不敢让引座员把我带到座位上……"然后还是进行角色扮演游戏，治疗医生请阿兰站着，说出他在排队时的体态，他具体是怎样和收银员交流等。再一次重复该场景，治疗医生要让阿兰的行为表现得更得体：回顾之后，用阅读的姿势来代替刚才排队中的体态；时不时地看看天空而不要总是低头看人行道；和收银员说话时大声一些；等等。

所有这些准备面对场合的建议很简单，其主旨就是让患者放松下来，尤其能够做到控制呼吸。比如，医生会建议他用腹部慢慢呼吸而不要用胸（吸气三秒钟，屏住呼吸两秒钟，呼气三秒钟，如此反复）。训练结束后就要为面对场合做准备了：阿兰为第一次测试专门选择了小区里的一家小型电影院和一部已经放映了一段时日的电影，这样做是为了避免出现人山人海的景象。第一次测试不可以失败，因为如果失败，患者会立刻想要逃离或者为此百般焦虑。阿兰果然从念大学的时候起就没有排队去看过电影。另一种能够控制局面的解决方案是要求阿兰和一个朋友一起去看电影，但他们两人略显单薄，其实并不容易安排。更何况，阿兰和很多社交恐惧症患者一样，倾向于对亲密之人掩饰自身的问题。如果有一位朋友在场，而自己又焦躁不安，他会无地自容。我们把约会定在了下星期……

阿兰来的时候，脸上洋溢着笑容。一切都进展顺利，比医生预先设想中容易多了。他站在电影院前的时候，焦虑感极为强烈，因为电影院前的人数多出他的预期。可他并没有转身离去，在3～4分钟的时间内他的焦虑达到了极限，然后焦虑渐渐减轻，他心满意足地看完了电影。

接下来面对场合的训练便是如法炮制。他自然而然地接触了一些没有记录下来的场景（比如街上问路或者中学放学时和一位同事开开玩笑），然而，训练一旦达到最后三个步骤，就需要重新列出一张比预期更难以控制的场合清单。比如，将接受晚餐邀请分解为几个阶段：经常定期地和老友们共进午餐，邀请他们来自己家里晚餐，接受他们的邀请去他们家里并请他们带上一些新朋友，等等。

阿兰最终完成了他和医生一起确定的每一个目标。他的生活质量得到改善，和同事的关系也融洽了不少。他报名参加了合唱团，甚至决定参团旅行，尽管他谁都不认识。从进入合唱团开始，他几乎和每一位团员都交流过，有的团员还成了他的朋友。

“事实上，一旦我们完成了这些目标，就会意识到这远远比预期简单得多；最重要的就是放手去做。”最后一次咨询的时候，他说了这番话。他自己印证了塞内卡的那句名言。

了解更多的面对技巧

如果你想在这一章里运用之前讲过的面对场合的技巧（自己或是借助心理治疗），你就得再知道一些事情。

首先，你应该知道，人们开始感受到焦虑时，它让人不堪重负，而到了最后它会自己减轻，如下图所示。当然，焦虑突袭时，你首先想到的是焦虑可能会一直延续，无休无止，还会让你惊恐万状；然后你认为焦虑绝不会善罢甘休，会让你为此筋疲力尽或丧失理智。如果未做出提前逃避的规划，而又身陷两种境地之中，你也许会试着让自己中断场合中的活动，要么逃避（离开），要么用不易察觉的躲避（不说、不看）来进行自我保护。然而，有过此类经历的病患在我们的帮助下最终意识到他们如果在某种场合里停留的时间足够长久，那么做出让步的是焦虑，而不是他们自己。

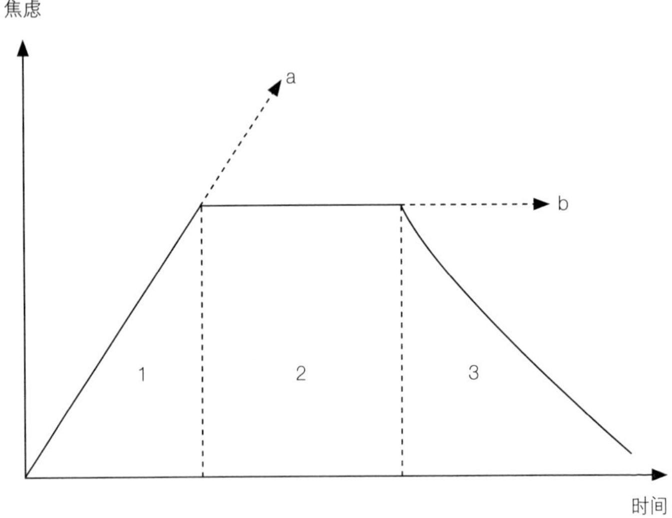

阶段1：焦虑上升

阶段2：焦虑稳定

阶段3：焦虑逐渐下降

虚线：（a）预期焦虑无限上升（灾难剧本）；（b）预期最强烈焦虑无休止地持续

长久面对场合的焦虑程度

紧接着需要了解，面对场合的训练必须是定期重现的，训练一次并不能摆脱和社交焦虑症一样植根于当事人身上的焦虑。不是因为你成功地面对了一次场合，在以后的场合里就不会感觉到焦虑。只有一次次面对场合经验的累积，焦虑才能得以有效缓解，但需遵循循序渐进的原则，如下图所示：

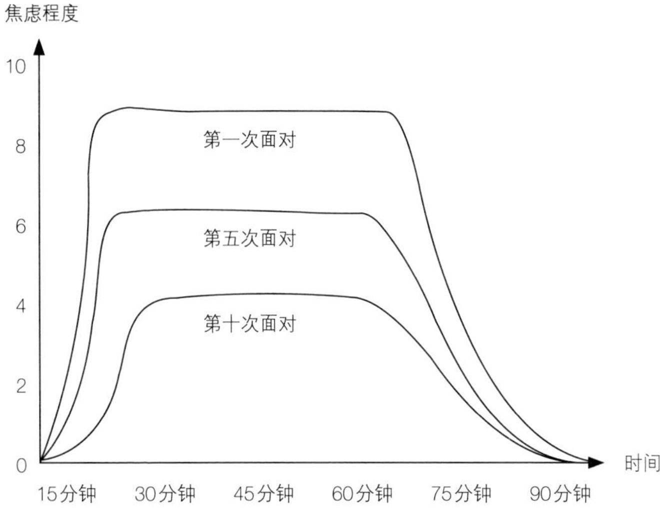

多次重复面对场合后，焦虑程度的发展过程

四条基本建议助你顺利面对社交场合

建议	实践	点评
面对场合的训练要做长期规划	把让患者感觉到焦虑缓解的平均时间固定在20～40分钟内	另一种方案是在相同的时间内不断重复简单的训练，比如一直向不同的路人问路
面对场合的训练要定期重现	如果你是重度社交焦虑症患者，那么你需要投入训练的时间是每日20～30分钟	社交焦虑症越严重，通过重复训练来缓解焦虑的过程就越缓慢[1]；但焦虑总会减轻

1 Eckman P. S., Shean G. D., «Habituation of cognitive and physiological arousal and social anxiety» , *Behaviour Research and Therapy,* 1997, 35, pp. 1113–1121.

（续表）

建议	实践	点评
训练时，必须完全面对场合	没有不易察觉的躲避行为，如目光躲闪、沉默等	如果反复训练后都没有看到焦虑缓解，那么研究一下你有没有这些不易察觉的躲避行为。如果它们已经成为习惯，你用眼睛是看不出来的
面对场合的训练需要辅以转移注意力的环节	你在训练的时候，要关注外界而不要关注自身的感受和惧怕，如观察他人、场景细节等	某些研究指出，社交焦虑症患者越是能够将注意力放到与自己无关的地方，他的不适指数就会越快下降[1]

到了最后，这些直面场合的训练变得既有效又简单。研究者们认为它们在心理治疗后期所起到的主要作用是定期继续训练的患者状态会日益改善。[2]一些研究也证明了这些训练为患者带来的疗效一年半以后仍然保持稳定。[3]更有人怀疑行为学家这些似乎是矛盾、纯粹、艰难的面对方法（直面便可治愈），居然可以改变病人的信念。[4]从本质而言，这并不奇怪，如果人们成功地面对了逃避几年的场合，那必然会改变对自身能力

1 Woody S. R. et coll., «Self-focused attention in the treatment of social phobia», *Behaviour Research and Therapy,* 1997, 35, pp. 117-129.

2 Edelman R. E., Chambless D. L., «Adherence during sessions and homework in cognitive-behavioral group treatment of social phobia», *Behaviour Research and Therapy,* 1995, 33, pp. 573-577.

3 Scholing A., Emmelkamp P.M.G., «Treatment of generalized social phobia: results at long-term follow-up», *Behaviour Research and Therapy,* 1996, 34, pp. 447-452.

4 Newman M. G. et coll., «Does behavioral treatement of social phobia lead to cognitive changes?», *Behavior Therapy,* 1994, 25, pp. 503-517.

的看法。大多数治疗社交恐惧症的专家一致认为，这些面对场合的训练是有效心理治疗必不可少的方法。[1]因此，对于社交焦虑症而言，并没有谈话治愈的说法。患者在治疗中只是向医生谈论自身问题，这样做并不能赶走他的社交焦虑症。[2]

倘若谈话有时可以畅所欲言，那么就不必局限于治疗时靠在扶手椅上或躺在长沙发上的窃窃私语了，而是应该学习一些日常生活中实用的交际规则。接下来我们要看看怎样交际。

---

1 Feske U., Chambless A. L., «Cognitive Behavioral versus exposure only treatment for social phobia: a meta-analysis» , *Behavior Therapy,* 1995, 26, pp. 695-720.

2 Cottraux J., Note I., Albuisson E. et coll., «Cognitive behavior therapy versus supportive therapy in social phobia: a randomized controlled trial» , *Psychotherapy and Psychosomatics,* 2000, 69, pp. 137-146.

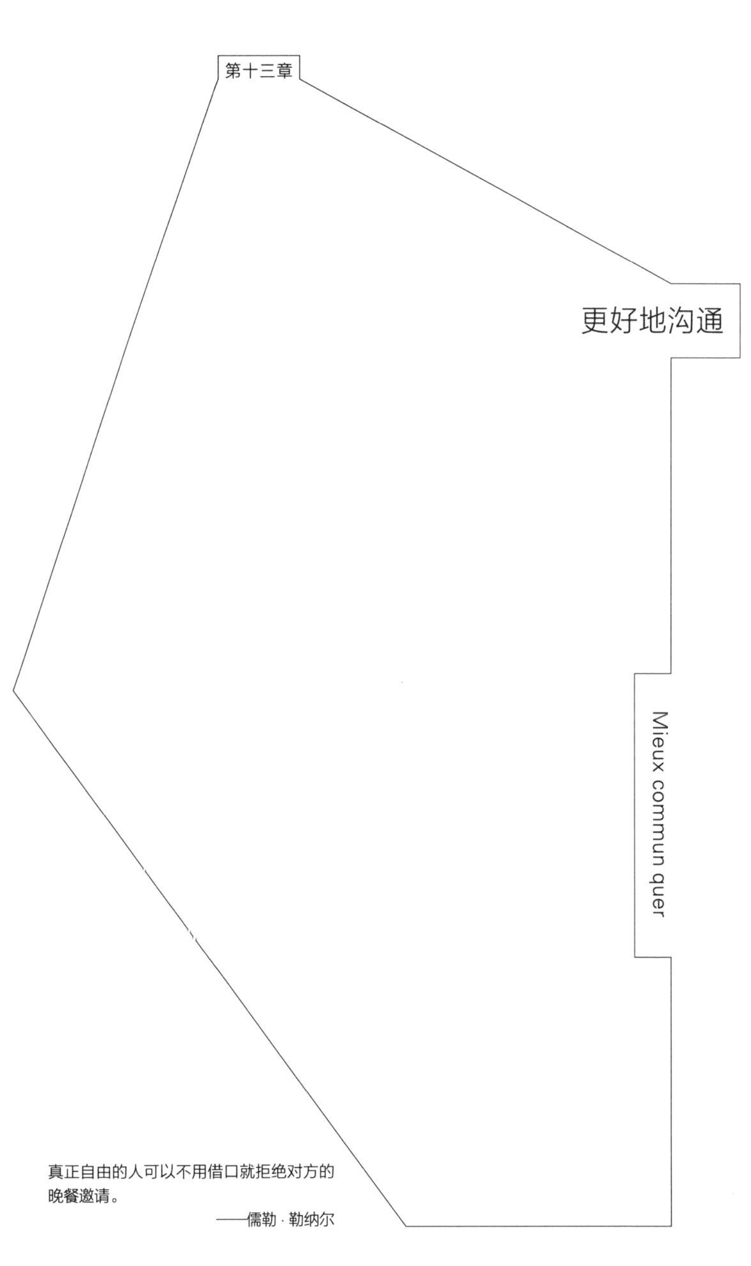

第十三章

更好地沟通

Mieux commun quer

真正自由的人可以不用借口就拒绝对方的晚餐邀请。

——儒勒 · 勒纳尔

社交焦虑症常常与人们所说的社交能力不足有关。[1]我们想就这个问题说些什么呢？社交能力是个人处理人际关系的所有行为。这些因人际关系而产生的行为可以让个体能与身边之人进行有效、得体、满意的交流。社交能力在交际中不必通过声音表达（人们在讨论中看着对方，难道我们在谈论一种听不到的声音吗），当然也可以发出声音（清晰、直接地表达所想，尊重对方，同时也知道对方的意愿）。这些行为在很大程度上是受教育方式、家长行为、不同生活环境的影响的。因此，我们可以说有的人会比其他人更容易习得它们。幸而，我们总有机会去重新习得这些能力并加以改进。较之广泛流传的观点而

1 Azaïs F., Granger B., «Troubles de l'assertivité et anxiété sociale» , *Annales médico-psychologiques,* 1995, 153, pp. 667-675.

言，在社交能力的学习过程中没有捷径可走。[1]

培养社交能力

社交焦虑症会干扰社交能力：在一个有威慑力的人面前，你可能立刻会变得语无伦次，而常态下的你不乏金句；反之，社交能力不足或许也与社交焦虑症有关。这是一个传统的现象，我们每个人也许都碰到过这样的场景：应邀赶赴高雅晚宴，却对这种环境里的礼节感觉陌生。你发现自己的盘子周围放了六副刀叉，而此时侍应生为你上了加量的去皮虾，令你有点儿焦虑！也许你的焦虑不是那么强烈，至少我们希望你是这样的。你的焦虑类似于一些社交焦虑症患者面对他们认为不能掌控的场合时所体会到的感觉，因为他们不知如何处理。

人们在培养社交能力的同时也改善了控制力，甚至能够做到真正控制局面，从此，焦虑得以缓解。所以我们可以成为场合中的演员，而不再只以观众身份出席，融入其中便能缓解紧张，释放压力。最终，这种间接的训练方式促成了当事人直面场合的行为，并使他重新看待自己的思维方式。[2]

1 Liberman R. P., *Personal Effectiveness*, Champaign, Illinois Research Press, 1975.

2 Azaïs F., Granger B., Debray Q. et coll., «Approche cognitive et émotionnelle de l'assertivité», *L' Encéphale*, 1999, 25, pp. 353–357.

自我肯定

自我肯定是培养患者社交能力过程中被运用得最多的一种方法。[1]社交场合中主要有三种交际行为，其各自的主要特点如下表所示。其中两种行为可能与物种基因的排列有关，所以很容易学习。它们分别为攻击行为及抑制行为。每种行为都有优点，但弊大于利。第三种则是肯定行为，它比之前的另外两种行为更难学习。能够自我肯定，也就是最明确、最直接地表达所想、所愿或所感，同时还能知道他人所想、所愿及所感，能如此行事的人患焦虑症的可能性很小。

三种交际行为

	抑制行为	肯定行为	攻击行为
优点	不必伤神费力，身边之人能够容忍	有效完成目标，相对自在	相对有效
缺点	不能高效完成目标，令人沮丧	学习及保持必不可少	引起冲突，造成紧张

与攻击和抑制行为相反，肯定行为适用于各类场合。也就是说，适用于我们在日常生活中经常遇见的各种场合。

目前，自我肯定成了一种训练社交能力的技巧，它被广泛运用，而且不仅仅局限于心理治疗的范畴，它可以成为企业及

1 Légeron P., «L'entraînement à l'affirmation de soi» , *Cahiers médicaux*, 1981, 6, 22, pp. 1433–1436.

个人发展持续培训的目标。我们首先要来确定一些患者不得不面对的场合。经过一次自我肯定的训练，他能更好地去面对这些场合。医生的治疗必须依赖于患者的思维模式，[1]尤其是那些使社交焦虑症患者采取抑制行为（“要是我说出了自己的想法，事情会变得更糟”）或攻击行为（“我想得到喜欢的东西，所以要成为那个最强悍的人”）的思维模式，然而自我肯定的特殊之处就在于升华了平等而活跃的人际关系。

阿妮塔的尴尬

来自南美洲的阿妮塔，34岁，职业是建筑师。曾两次患上抑郁症，之后她来找我们咨询，想设法解决自己人际关系中的难题。事实上她的胆怯早已根深蒂固，然而，从几年前开始，这种胆怯变本加厉，令她尤为不适。

阿妮塔从小就具有神秘、谨慎的气质。她身边一直不乏朋友，而且别的孩子和老师都很喜欢她。7岁时她来到法国，然而早已在其体内植根的胆怯却没有改变，而她更是巧妙地利用胆怯来施展魅力，博得关注。尽管是家里的独生女，但她家庭和睦，心境平和，并且很容易适应新环境，结识新朋友。大

1 Fanget F., « Thérapies cognitivo-comportementales de patients présentant des phobies sociales et des troubles de la personnalité » , *Synapse,* 1999, n° 158, pp. 47-55.

学毕业后她便嫁为人妇，丈夫是一名地位显赫的公务员，常常不归家。度过了几年的婚姻生活后，阿妮塔厌倦了丈夫经常不在的日子，于是离婚了。她决定实现儿时的梦想——成立建筑师工作室。可惜，要面对的困难远远超出了她的预计。她从来没有独自生活过，于是她要忍受离婚带来的不幸，尽管自己曾经那么渴望离婚。她的父母几乎无法理解她的行为，和她疏远了，但和她的前夫随时保持联系，因为他们视其为养子。除此之外，她惊讶地发现自己根本就没有人脉资源让建筑师工作室运作起来，商业推销、工地上的"肉搏"、与不满意客户争论、和同行相互竞争，所有这一切很快就超出了她的能力承受范围，她渐渐患上了事前焦虑症，尤其是每次不得不去看工地或是为难地要求别人的时候。三年里她两次患上了抑郁症，还要面对严重的财政问题。之后，她决定来寻求帮助……

阿妮塔出生于条件优越的家庭，由于其自身的外国血统而变得异常敏感。她从父母身上学会了"不含糊、放平和、勿惊扰他人"的为人处世之道——把别人的需求放在自己的需求之上。她从父母给予的家庭生活进入了自己的婚姻生活，从未独自面对过困难。

在评估了患者的几次谈话之后，我们决定和她一起攻克她不尽如人意的社交能力。第一阶段需要建立一张具体的基本社交能力表，我们不妨称之为人际关系障碍评估表，这张表里所罗列的基本交际是日常生活中必不可少的。

阿妮塔人际关系障碍评估表

0=很容易，10=很难	和亲近的人在一起时	和熟悉的人在一起时	和陌生人在一起时	和有威慑力的人在一起时
表达正面信息	2	5	7	10
接收正面信息	3	4	6	8
做出要求	2	5	7	9
拒绝	3	6	7	8
做出批评	3	5	8	8
回应批评	4	6	7	7
进行谈话	0	2	6	8

一和陌生人或是和有威慑力（更有能力、更有钱、更能自如表达……）的人交流，阿妮塔的沟通障碍就暴露无遗，比如她几乎无法进行工作预约或批评马虎完成的工作。

因此第一个阶段用来学习简单的交流技巧，以便她更好地掌握表格中所罗列的基本技能。每一种场合都成了对患者有针对性的训练目标，而且每一次训练都按照以下计划执行。场合明确：和谁、出于何种原因、在何处。第一次练习时，患者选择其日常行为方式，治疗医生明确点评其有声或无声交流因素，并发出具体指令，以便患者纠正行为；第二次练习时，患者会留心医生的评语，而医生则会鼓励她使用日常习得的技巧。

这个阶段会持续三四个月。在这段时间里，医生鼓励阿妮塔把所学到的东西应用在日常生活的场景中，同时限制其进入某些容易应付、无复杂因素的场合，其实这是与表格的场景相吻合的，好比音乐家训练自身技艺时，要想流畅地演奏出旋律就得先从某些音阶开始。

医生和患者决定在第二个阶段攻克那些更为棘手的场合，它们比她的生活更为重要。他们选择了七种场合，符合人们所说的定期更新的场合：懂得自我推销，向新客户正面介绍自己（不是担心自己给他人留下自命不凡的印象或害怕以后让他人失望而缩手缩脚）；敢于谈钱论价，提高价格定位标准；反对降低利润的图谋，拒绝品行不端的买家（不是默认对方的提议，或是放弃追款）；批评拖延的工程或工地上不合格的作业，严格要求签约工匠（不要因他们极力辩解而让步）；更加主动地参与工作会议或社交聚会（而不是待在自己的角落里等待别人邀请）；去银行解决透支问题时，更合理地捍卫自身利益及进行自我辩护（而不是像犯错的孩子般忍受着对方的斥责）；冷静、坚定地回应不满意客户的批评（而不是慌乱无度、辩解或最终以心烦意乱及吵架收场）；主动联系同事以便共同交流项目（不要以为自己缺乏经验就迷失方向，并产生没有人会因为自己而去关注一个庞大项目的想法）。除了最后一点，这些举动其实并不属于克服完全逃避行为。因为阿妮塔偶尔还是可以应付它们的；只是，她的介入并没有达到自身的期望值。

针对阿妮塔的情况，医生建议用以下方式来攻克面对不满意客户的难关：首先通过角色扮演来发现患者的主要障碍。阿妮塔在这种场合里的焦虑使得她倾向于为自己辩解（“我没有时间去工地，我的工作已经排得很满了”），言下之意就是客人无中生有（“您还是有些夸张了”）。她接着会想弄清楚客人是否是自己不幸的源头之一（“您确定您已经明确地提出要求了吗？这并没有写在合同上”）；到了最后，她所承受的压力已经到了一定极限，她不再解释，并希望此事尽早结束（抑制行为），或者生气，提议客户终止合同（攻击行为）。

治疗医生会提醒她适应这种场合的前提是自身肯定（承认别人的问题而非同意，表达自身感受而非攻击），并和她一起研究哪种答复是切实可行的。如此多次尝试与摸索之后，便有了角色扮演中的以下对话：

“E女士，我生气了，瓷砖的尺寸不符合规格，真是难以置信！您早该发现了，而现在却是由我来指出问题所在。”

“请听我说，我能理解您的气愤，但我会想办法来解决这个问题的。”

“好，可我还是要说，本应是由您发现这个问题的。”

“我不可能每时每刻都待在工地上。我向您保证以后每天都去现场看看，我马上就去处理问题。从明天起，所有问题都会得到弥补。”

“好吧，我可是付出了大价钱。如果您不能妥善处理的话，就不必合作了。”

“您完全可以对我们的工作提出要求，但是我们不能避免偶尔犯错，重要的是我向您承诺过我会去纠正错误，所产生的费用均由我负责。请您相信我……”

角色扮演训练不断重复，阿妮塔逐渐培养出了整整一套社交能力，她比从前更能应付自如。她的自我肯定与日俱增，焦虑指数也日渐下降。

这个阶段的训练持续了四五个月的时间。她的治疗用时将近一年。阿妮塔大约每周都要面对一个场景，她终于拥有并掌握了适应新生活的社交技能。治疗期间，她还邂逅了新男友，并开始准备与另一名建筑师合伙——她一直都很欣赏他，并将对方视为导师。

她的抑郁倾向被定期地用相应标准来进行评估，目前已经消失。即使抑郁症不是治疗的直接目标，但治疗此类疾病时，对其进行评估仍很常见。

社交焦虑症患者难以自我肯定，帮助他们有所意识一直都是治疗的一个策略，[1]也可在团队中开展这项工作，成功的概率也很高。[2、3]于是，我们将6～12名患者集中起来，为他们配备1～2名治疗医生，对他们施以同样的治疗步骤。团体与个人的治疗形式各有优点。团体治疗便于患者拥有默契的氛围，参与者们相互支持、鼓励，甚至在治疗之外相互约见。角色扮演

1 Lelord F., *Les Contes d'un psychiatre ordinaire*, Paris, Odile Jacob, 1993, pp. 248–251.

2 Fanget F., Chambon O., «Groupes d'affirmation de soi: méthodologie» , *Journal de thérapie comportementale et cognitive*, 1994, 4, 4, pp. 116–126.

3 Guérin J., «L'animation de groupes d'entraînement à l'affirmation de soi» , *Revue francophone de Clinique comportementale et cognitive*, 1998, 3, pp. 1–6.

的方法忠实于患者的状况，同时为其提供了能给予反驳的不同对话者。说到底，它的作用在于缓和，在于向每一位患者表明：他并非独自一人忍受着社交焦虑症带来的痛苦……而单独治疗则滋生出更具个性化的治疗方案，尤其是更加明确认知机制。如果人格障碍与自我肯定有关，那么需要采取单独治疗的方法。[1]其实，社交能力的培养通常与认知疗法结合起来进行。我们马上就要对此展开详细描述了。

1 Guérin J. et coll., «L'affirmation de soi en groupe dans les phobies sociales et les troubles de la personnalité» , *Journal de thérapie comportementale et cognitive,* 1994, 4, 4, pp. 108–115.

第十四章

换个角度看问题

Penser autrement

让人们困惑的不是事物本身，而是他们对事物所持的观点。

——爱比克泰德[1]（Épictète）

1　约55—135年，古罗马最著名的斯多葛学派哲学家之一。——译者注

我们已经了解了社交焦虑症首先是一种评估焦虑症。人们倾向于评估每一个社交场合，他们连那些在常人眼里过于平庸的场合（和楼道邻居互道家常或是经过商场的收银台前）都不放过。评估焦虑症滋生出关注自身的倾向及焦虑症症状（生理、行为、认知），而局外人并不能看出当事人对纠结其中的惧怕。所以社交焦虑症具有双重惧怕的特点：惧怕他人和自身。认知疗法[1]于是应运而生，其目的是帮助患者改变他们的想法以及他们看待世界忧心忡忡的视角。

1 André C., *Les Thérapies cognitives*, Paris, Bernet-Danilo, 1995.

治疗医生如何为患者开展治疗工作

首先，他要训练患者观察、挖掘自身的想法，即认知（参见下面的自我监测表）。认知常常与三种惧怕有关：最多见的是高估症状的可见性（脸红、颤抖、出汗……），或者是推断缺点（没文化、无个人爱好……）："他们会看到……"；然后是高估他人对自身症状的负面评价："他们会认为……"；最后是高估社交评价的负面后果："他们会告诉我……""他们会对我做出……"。

一位病患（43岁，干部）在某次认知治疗期间的自我监测

场合	社交行为	认知
楼梯上遇到了女邻居，我无法回答她的问题："今天天气晴朗，嗯？"	我语无伦次，听不清她说了什么，几乎没有看她	"我看起来像个白痴" "有人和我说话，而我总是在三个小时后才有所反应"
当着单位领导的面汇报工作	尽管服用了β－受体阻滞药，我还是很紧张。我语速"太快"了，害怕他们提问，我基本不看大家，背对大厅，将精力集中在幻灯片上	"我缺乏信心" "所有人都看出我的不自然"
应邀参加晚会，我言语不多，因为我几乎谁都不认识	我寡言少语，也不问谁什么，用单音节词回答问题，神情尴尬	"我很无趣" "他们再也不会邀请我了" "大家都留意到我的紧张"

治疗医生接下来要帮助患者讨论其思想内容，尤其要控制住某些不良解释，比如情绪的判断，它将患者的感知及实际情况混为一谈："倘若我觉得自己无能，是因为我的确无能""倘若我感觉不适，别人也会注意到我的不适"……

最终，在引起焦虑的场合中，患者头脑中产生作用的主要信仰足以解释患者的不良认知（参见下面的主要信仰列表），但医生可以去触碰、改变这些信仰。它们涉及方方面面，比如完美社交表现或社交场合中情绪的绝对自控之必要性。

我们将在后文通过一次治疗的记录来阐明这些观点。

社交焦虑症患者的主要信仰

信仰类型	信仰的表述	患者眼里的后果
听从他人	"我不该生气、打扰别人或提前准备，否则我会被人排斥"	"我不参与意见，不提要求、不拒绝、不批评……"
社交表现	"我和别人在一起时，不该犯错，也不能反应迟钝，否则情况就会发生变化，尤其对我不利"	"面对他人时，我一直努力做到尽善尽美。但这是不可能的，所以我要么逃避很多场合，要么对自己的处理方式不满，然后我会过分自贬"
直面他人时的过度警惕	"我得特别留意他人的态度，否则好事、坏事都没有我的份"	"我总是研究对方的眼神或态度，想知晓他们对我的负面评价或反驳我的图谋"
自我的过度控制	"我不该流露出尴尬或别的情绪"	"由于担心大家留意我的情绪，我想不顾一切地掩饰，哪怕效果微乎其微。但这样做又让我觉得自己低人一等"

（续表）

信仰类型	信仰的表述	患者眼里的后果
个人弱点暴露、情绪流露	“我的脆弱暴露无遗” “他们也很容易发现我没文化、智商低”	“别人很快就会发现我稍微有些情绪。我感觉被人看穿了，而且对此无可奈何。每次我都觉得自己好像做错了事，很容易受伤”
来自他人的警惕和威胁	“人们观察别人的态度，对弱者给予负面评价，并排斥或攻击他们”	“对于那些和我一样的人，人们没有同情心，他们早已想好如何控制、远离他们”

菲利普的疑惑

菲利普来向我们咨询的时候，还是一名实习医生。24岁那年，他准备第一次代班，他为此焦虑不已，甚至用他自己的话来说，就是“最后一次”和我们预约！

他是一名优异的大学生，至少从书面表现来看的确如此。菲利普患有关注具体问题的社交恐惧症，即行动时被人观察的恐惧症。他的这种社交恐惧症无孔不入，从餐馆用餐到当众做报告，这当中还得穿插进在科室领导或病人的注视下进行检查的环节！此外，菲利普还表现出了逃避型人格的特点：他对于任何别人的评价都高度敏感；为了躲避某些社交场合，他极有天赋地设计了一些逃避策略，并能对自身行为做出合理解释。他一直将自己生存的方式视为合理的方式。他的父母似乎也过着这样的生活，他们对外界不屑一顾，试图将自己的生活固定在家庭范围内，与世隔绝。童年时除了上课之外，他从来不会在其他时间里见到他的同学们。菲利普的世界里只有两个哥哥和父母。上大学时，他依然和家人生活在一起，现在也是如此。他对同龄人备感失望，他觉得他们无聊、浮躁。他的感情生活也是如此："每一件事情都有它该发生的时段，首先我要用心学习，然后再考虑这个问题。"他从来都没有亲近过生命中遇到的女孩，其实他没有意识到是自己无能……他的生活方式得到了父母的赞赏，他们很欣赏他。因为他父母的生活平庸、单调，从不走出家门。

他顺利完成了医学院的学习，实习时去医院当了实习医生。他本该面对那些对于他来说非常艰难的场合：量血压、听心率、肌肉注射……所有这些均要在其他同学、护士或医院领导审视的目光下进行。然而在他第一次实习的时候，他只被人观察过四五次，因为其余时间他便设法隐藏在过道上或跟在医生去巡查病人的学生队伍后，从未自觉自愿地为病人做过治疗。

接下来，他选择了去那些听天由命的科室实习，他完全适应这样的环境。他以需要更多的时间来复习考试为借口，当然考试成绩也不负众望。学生中开始流传这位未来伟大医生的身世之谜……他就这样相安无事地混到了大学毕业。一切都很顺利，做住院实习医生前，菲利普几乎没有接触过病人。当他的叔叔——住在法国另一端的一名全科医生提议他夏天去接替自己的工作两周时，他不敢回绝，一则不想丢脸，二则是因为这个机会可以让他好好地为即将到来的住院实习期做准备。他为住院实习期茶饭不思，并扪心自问是否可以用少于一年的时间来认真准备。

他阅读了我们发表在医学杂志上的一篇关于社交恐惧症的文章，突然从中顿悟。这篇文章让他想来找我们咨询。他的治疗，类似于人格障碍者，如逃避型人格的治疗，漫长而艰难。治疗持续了几乎两年的时间，然而从治疗初期开始，他的进步就日益明显。在此，我们只是罗列出认知疗法的几个步骤，它们有效地帮助他渡过了令他畏惧的接替工作的难关。

对话

“您担心的事情之一，是在接替叔叔工作期间不太适应，是吗？”

“是的，是这样的。”

“会在什么情况下不适应呢？”

“嗯，我担心不知道如何回答病人提出的问题。”

“比如？”

“比如，如果他们问我是否了解这种药，而我又对此一无所知；如果他们就某位家庭成员的罕见病向我提问，我却从未听说过这种情况……”

“如果真的这样，会有什么事呢？”

“我看起来蠢到家了。”

“看起来蠢到家了？此话怎讲？”

“嗯，脸红、说话结巴、被迫承认自己无知，或者为了不丢颜面编造一个万能答案……”

“如果真是这样，您会怎么看自己呢？”

“我怎么看自己？我真是一无是处，说白了就是丢脸丢到家了……”

“丢脸？”

“是的，我在病人眼里颜面扫地。”

“为什么会这样？他会怎么想呢？”

“他会想：你不是很有天赋，还不可以做医生，将来你也不可能会是一名好医生……”他勉强停住了，但显然负面认知不停地干扰着他。

“嗯……您还想到别的事了吗？”

“想到了，他再也不会叫我了，他会把这件事告诉我叔叔，叔叔也不信任我了，然后又告诉了我的父母……”

“我想所有这一切都让您很焦虑吧？”

“是的，很焦虑。我也没有什么要对您说的了，我会因此而难受。通常这种想法在我脑海中闪现的时候，我会努力赶走它们。”

“言之有理，可是您必须要经常面对它们，只有这样，您才不会被其左右。咱们来做个总结：您所害怕的场合，是不知道如何回答病人的问题，还有您在设想自己面对这种场合的时候，会生出‘我竟然不知如何回答，真是一无是处’‘病人会认为我无能’的想法，您可能还有一些别的想法，您为此而忧心忡忡。”

“确实如此。”

在这样的交流中，治疗医生帮助病人清晰表达情景留给他的印象。医生强调这些交流只是建立在推测、演绎的基础上，而且每次都会提醒患者：“当场合是……时，您对此的看法是……？”

记住患者的想法

在治疗期间，医生会一边鼓励患者继续思考，一边填写一些小表格，比如下面列出的这张自我监测表。这是医生在治疗患者的时候填写的，当时患者已开始接替他叔叔的工作了。

菲利普对自身想法的自我监测

场合	不适	自身想法
给一位病人量血压时，我颤抖了	8/10	“我看起来很白痴” “他肯定注意到了” “他会把我当作一个病人” “他不相信我了，觉得我不会量血压”
我不得不当着病人的面，在药剂词典中查询某种抗生素的日常剂量，因为我忘记了	5/10	“我应该知道的” “这不正常” “真正的医生从来不会干这种事情”

（续表）

场合	不适	自身想法
给一名年轻女病人检查胸部时，我脸红了，她来找医生开避孕药	9/10	“她会以为我是个变态” “她会以为我应付不了女人” “她会把这件事告诉她丈夫”
我应该叫一名同事过来，因为我不知道怎么给一名老战士开医疗证明	8/10	“我会打扰他的” “他还有别的事要做” “我必须自己解决”

改变患者的想法

这个步骤是在治疗医生和患者的交流中进行的。在这个步骤中，医生鼓励患者经常进行有选择性的发言，并在表格中记录其言论，之后他增加了两栏补充内容。我们不妨来看看医生如何补充先前的那张表格。

菲利普思想的再次评估

可供选择的想法	不适的再次评估
“他甚至可能都没有注意到” “他知道我没有经验” “他平常量血压也是这个结果，所以他不必对此怀疑”	4/10
“每个人都会遇到这样的情况” “有成千上万种药物，我们不可能全部都了解” “老医生会了解得比我多一些，这合乎情理，他们已有多年的工作经验”	3/10

（续表）

可供选择的想法	不适的再次评估
“在这些情况下，惊慌是常事” “她明明看到我不是贪图享乐才来做这件事的” “她没有表现出不适或愤怒，检查之后她一直微笑，也很放松”	7/10
“这是我叔叔的一位朋友，他准备帮助我” “我前天因为本周末轮流值班的事情给他打过电话，他好像很热情” “我没见过这类医疗证明，所以需要帮助” “这用不了很长时间”	5/10

咱们再来看看在稍后的治疗中医生和菲利普的对话节选。

“好的，现在我们要针对您在自我监测表格里记录的一种场合进行分析了，这是为了更好地理解您为什么会在这种场合下闪现出如此恐慌的认知。”

“呃……”

“给病人量血压时您会轻微颤抖，于是您担心病人会注意到您的颤抖，并觉得您不可思议……其他时候，您担心别人会认为您变态或无能……”

“是的，这有点儿老调重弹的味道，但我不能控制自己。”

“咱们来理理您思维的逻辑。您给病人量血压时颤抖了，因此担心病人会注意到这一点，并且断定您是个‘精神有点儿错乱的人’，以及在医学上作为不大。”

“是的，是这个理儿……”

“就算病人真的会这么想，您又能得出什么结论呢？”

“我丢脸丢到家了。”

“就算您真的颜面扫地，又能怎样呢？”

“好吧，从此以后没有一个病人会尊重我，大家早晚都会知道……”

“继续我们的‘假设’游戏……如果病人真的不尊重您了，会怎么样呢？”

“如果得不到病人的尊重，那我继续从事医生的职业就毫无意义。您本人就是医生，您深谙此理……”

“好的，我认为我们现在说到点子上了。如果我们一直继续，就像之前所做的那样，那么按照您自动想法的逻辑，我们是否就该如此推理：‘假如我没有医生的绝对自控力，那么在任何医疗场合里，我将永远无法得到病人的尊重，所以我永远都不可能光明正大地行医……’。是这样的吗？”

“是的，真的就是这样。我的确在不停地给自己施压，显然这与我的愿望背道而驰。只是因为量血压时手微微抖了一下，我就准备放弃医生这个职业……所以我需要自我肯定，不是吗？”

“是的，但我们要来看看在这样的要求下，您能走到哪一步……”

在这段对话节选中，医生使用了一种方法来揭示引起患者焦虑的信仰——按照隐藏在其焦虑认知后的灾难情节逻辑而使用的层层递进法。医生在治疗中也会运用其他方法，比如自我监测：他会要求患者重新拿起自我监测表，识别出现频率最高的认知。而这些认知通常起源于患者的同一信仰。

菲利普头脑中出现频率最高的信仰是：流露弱点便会丢脸；要对一切了如指掌，否则只能证明自己无能；等等。

一旦医生指出所有引发他焦虑的信仰，治疗的目的就变成了纠正信仰。

“如果您一直认为绝对自控力的规则对于医生而言必不可少，那么规则或许也有它的好处。对此您有何见解？”

“我没有觉得它有很多好处，反而认为弊大于利。”

“例如？”

“例如，我总是给自己施压。这样做有时毫无用处而且不合时宜。”

“您说得对，还有其他弊端吗？”

“我会因此而将自己封闭起来，既无法放松又毫无幽默感。我需要告诉自己‘给病人量血压时别给自己施压’，但我总在事情过去一周后才会想起来……还有，这些想法会让我感觉无地自容，而不会让我放松或和病人交流。说到底，我认为这不会让我成为一名好医生，我只会一直监督自己，而不去聆听病人的需求……”

“嗯……所以要遵从这些个人标准及严格要求只会带来坏处。可是您真的觉得它们没有任何好处吗？”

“如果我仔细研究一下，也许会发现。比如我追求完美，那么我会紧张很长时间，于是我开始认真准备，复习功课，查阅最常见的药品及其剂量，我要做足准备工作。假如我没有提前准备，就无法做事。这算一个好处吧，可我只看到这么一个。”

“因此，弊远远大于利。所以改变个人标准势在必行……”

我们不可能轻易移除信仰，因为它们早已深深植根于我们的思维里，而且人们也不愿将其移除。某些场合中，它们传达的初衷完全是合理的。只是信仰在实际运用中被严格要求且广而告之了，于是造成了当事人的障碍。患者常常认为信仰是约定俗成的，他们在不知不觉中和自己的信仰度过了生命中某段时期，因为必须如此。

据菲利普回忆，这要追溯到他童年时代的某段艰难时日。当时由于父母搬家，他也在同一年里转学到省外的一所新学校就读。8岁那年，他在那所学校里度日如年。因为他的巴黎口音、孱弱体态和偌大的近视眼镜，别的孩子对他极尽排斥。他还记得有一天课间休息时他在院子里哭了，而那个院子在他眼里是危险横生的地方：其他孩子全都起哄嘲笑他，并对他进行各种口头的人身攻击，整整一年都是这个样子。他从这次经历中得出结论：别人可能都是不怀好意的，他最好做一个不易相处的人，而且一定不要暴露自己的弱点。

通过和治疗医生的多次交流，重新分析个人信仰可以使患者条理清晰地对其进行纠正。步骤如下所示：

基础信仰：“面对陌生或怀有敌意的对话者时，务必隐藏自己的情绪。”

修正1：“但不分场合地隐藏情绪毫无用处。”

修正2：“多数人都能理解我的痛苦或不适。”

修正3：“遇到上述情况时，我情愿与对方交流而不是故步自封。”

纠正信仰也包括进行所谓的违背信念的练习。医生要求菲利普完成的训练，是在结束一天平静的治疗后有时间和一位女病人聊聊他刚刚接替叔叔岗位时的疑虑。女病人对他说：“您肯定会成为一名优秀的医生，因为您很敏感，这是您做好本职工作必须具备的素质。”这就是修正3的素材，是菲利普对自己信仰的补充。

*

在此言简意赅提及的训练方法看似简单，实则深藏多种治疗技巧。离开它，任意一种认知疗法都无法实现。[1]显然，我们在此说到的只是治疗的关键期。人们以为治疗进展顺利，其实困难重重：在患者蜕变之前，治疗常常会被卡在某些阶段……我们未对这些困难进行延伸，它们常常是治疗医生而非患者的问题。[2]

实际上，认知疗法在治愈社交焦虑症中不会作为唯一的治疗手段，它们总是与行为训练结合起来，要么运用认知行为疗

1 Cottraux J., *Les Thérapies cognitives*, Paris, Retz, 1992.
2 Mirabel-Sarron C., Rivière B., *Précis de thérapie cognitive*, Paris, Dunod, 1993.

法[1]，要么依次使用两种疗法：行为先于认知。[2]

如果依靠个人努力来改善自身焦虑症症状，道理也是一样的——要先以我们对自身及世界的看法作为先决条件，然后进行训练。如果只是在脑海中想想，不能定期地实地训练如何面对自己的社交恐惧，那么社交恐惧症就只会维持原状。[3]

---

1 Taylor S., «Meta-analysis of cognitive-behavioral treatments for social phobia» , *Journal of Behaviour Therapy and Experimental Psychiatry,* 1996, 27, pp. 1-9.

2 Scholing A., Emmelkamp P.M.G., «Exposure with and without cognitive therapy for generalized social phobia: effects of individual and group therapy» , *Behaviour Resarch and Therapy,* 1993, 7, pp. 667-681.

3 Hofmann S. G., «Treatment of social phobia: potential mediators and moderators» , *Clinical Psychology,* 2000, 7, pp. 3-16.

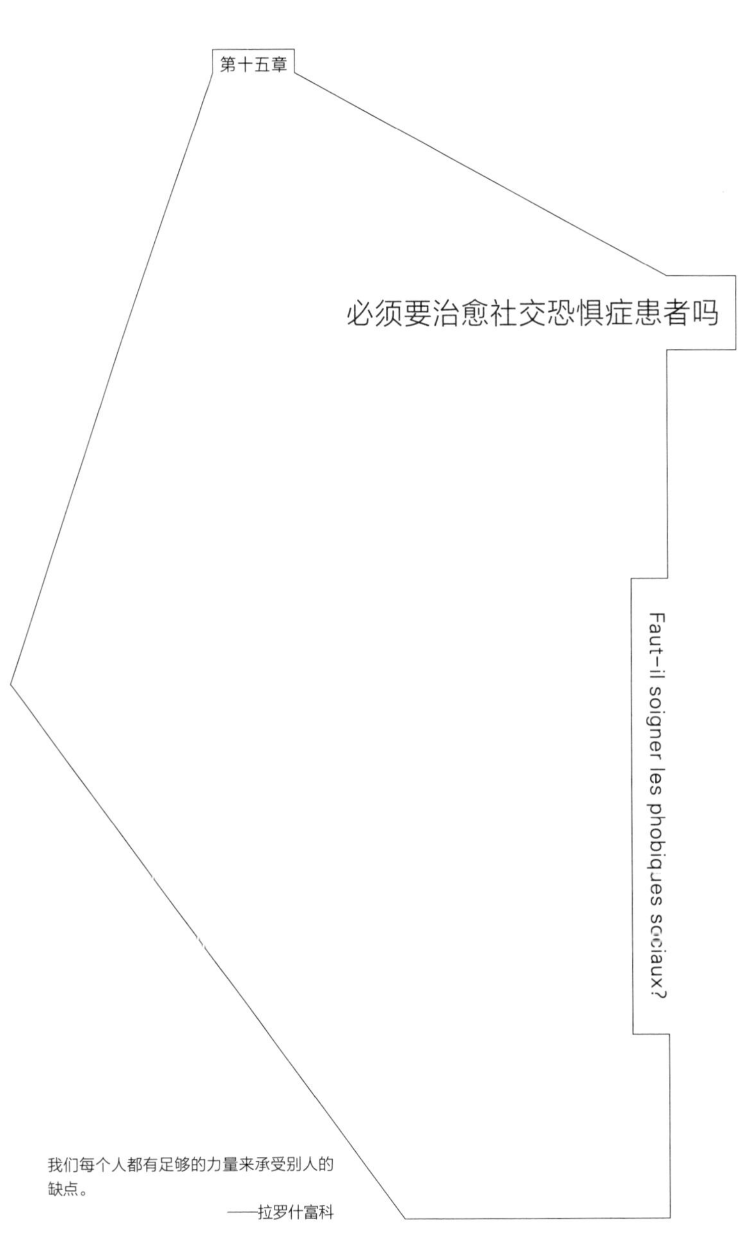

第十五章

必须要治愈社交恐惧症患者吗

Faut-il soigner les phobiques sociaux?

我们每个人都有足够的力量来承受别人的缺点。

——拉罗什富科

和我们一起畅游了社交焦虑症的国度后，现在我们要和你一起回顾一下我们到过的每个地方。本书问世于1995年，在第一版中，我们只是聊了聊完全暴露的社交恐惧症。虽然它早已在医学文献中被识别及鉴定出来[1]，但医生和心理学家并未将其诊断出来。社交恐惧症患者经常觉得自己得不到治疗医生的理解，后者也没有就疾病给患者平常造成的痛苦对症治疗。今天，源源不断的论文及科研文章都对它进行了专门研究。我们希望，从今往后，每一名从业医生都能将其迅速诊断出来。

研究者深知当今社交焦虑症可以得到真正有效的治疗。无论是药物治疗（5-羟基色胺抗抑郁剂）还是心理疗法（行为认知疗法），只要对症医治，它们的疗效都能得到验证。目前，

1 Pélissolo A., Lépine J.-P., «Les phobies sociales：perspectives historiques et conceptuelles», *L' Encéphale,* 1995, 21, pp. 15-24.

只有极少数病人认为这些治疗方法对他们无效[1]——他们应由专业治愈社交恐惧症的机构或医生治疗。

最终，人们对相关从业人员寄予了厚望：他们从电台或电视节目、杂志或报纸上发表的相关文章那里了解到信息，他们打进电话或寄出信件希望得到建议、指点及治疗。每年我们都会收到社交恐惧症读者们关于这部作品写的成百上千封信，他们要么感谢我们，要么向我们寻求帮助。最近我们成立了几个病人协会，在里面被治愈的或正在接受治疗的社交焦虑症患者提议，让从业人员为那些因焦虑症而活在误解或孤独中的人们带去信息和支持。[2]

想要治愈的社交焦虑症患者也许会得到对症下药的专业人士有效的治疗，那么，治疗顺利进行了，患者的状态也就得以改善了吗？可惜，不是这样的。治疗并不像我们所期望的那样畅通无阻。比如，很少有医生能诊断出社交恐惧症。一项由世界卫生组织赞助的法国人的研究指出，只有1/4的患者能被诊断出患有社交恐惧症。[3]同一项研究还表明，社交恐惧症患者很少会因为恐惧症的问题向医生寻求帮助，反而是因为别的原因前去咨询，比如，身体状况或抑郁症。一项美国人的研究指

1 Chambless D. L. et coll., «Predictors of response to cognitive-behavioral group therapy for social phobia» , *Journal of Anxiety Disorders,* 1997, 11, pp. 22-240.

2 André C., «Anxieux, mais groupés!» , *Journal de Thérapie comportementale et cognitive,* 1998, 8, pp. 41-42.

3 Weiller E. et coll., «Social phobia in general healthcare: an unrecognized undertreated disabling disorder» , *British Journal of Psychiatry,* 1996, 168, pp. 169-174.

出，阻止社交恐惧症患者向健康专业人士寻求帮助的主要障碍是治疗费用、治疗机构及医生的地址不详，另外还要加上患者的羞耻感，他担心被负面评价后自己无地自容。[1]

另一项研究观察到社交恐惧症患者常常以为可以用心理分析来治愈自己，然而这种治疗方法与行为认知疗法相比，对社交焦虑症的疗效甚微。[2]其实原因很简单：相关治疗医生总是意欲将他们习得及运用的心理疗法视为疗效更佳，所以他们一直都向患者提议运用这种方法进行治疗。[3]在法国，大部分治疗医生都使用心理疗法。病人很少会听到医生告诉自己："您患有社交恐惧症。我的治疗方法只能短期内改善您的症状。因此我建议您去看杜邦大夫，他在这方面比我在行。"可能也有医生会这样做，但还是很少见。

我们可以说，尽管最近几年社交焦虑症的治疗取得了进步，但医生仍然没有做好准备去治疗或诊断社交焦虑症。毫无疑问，专业人员还应该继续培训和深造。但一些专业人士仍然认定自己的治疗方法是切实可行的：法国的很多精神病科医生和心理学家极其依赖心理分析疗法，他们将此治疗方法视为真正的心理疗法。所以，难题就在于，人们深信社交焦虑症是一

1 Olfson M., Guardino M., Struening E. et coll., «Barriers to the treatment of social anxiety» , *American Journal of Psychiatry,* 2000, 157, pp. 521–527.

2 Goisman R. M. et coll., «Psychosocial treatment prescriptions for generalized anxiety disorder, panic disorder and social phobia, 1991–1996» , *American Journal of Psychiatry,* 1999, 156, pp. 1819–1821.

3 Huber W., *Les Psychothérapies: quelle thérapie pour quel patient?,* Paris, Nathan, 1993, p. 154.

种不严重的疾病，无须治疗。这样的想法仍然深深植根于精神病学领域内的一些观点先锋的思想中。但我们也很少听说他们当中有人敢于声明社交恐惧症并不存在，它其实只是因抑郁而产生的胆怯而已……当然，治愈每一位社交焦虑症患者并不是我们所关注的重点。我们在之前的章节里曾经提到过轻度焦虑症。实际上，在某些情况下，每一个人都能感受到社交焦虑症的存在。当然，我们也不是要讨论是否需要对法国的每一个胆怯之人都开具处方药的问题。可是为什么不让患者自己去判断他们的意愿呢？如果胆怯令人手足无措，难道不该去咨询医生寻求帮助吗？医生或许会让患者安心，而且他们有时还能诊断出患者没有察觉到的社交恐惧症。何况，所有研究都意欲指出社交焦虑症，即使没有严重到社交恐惧症的程度，仍会对患者造成干扰。[1]所以相关从业人员不必在意放在这一章开始的拉罗什富科的名言，更不要因为社交焦虑症不会让患者疼痛而一成不变地将其视为招人喜欢的障碍，甚至认为不必改善其症状……

心理治疗的实践使我们非常关注个人改变的任何需求。所以，我们有时也能治疗一些患者，而他们之前的医生直到病人来找我们之前都没有意识到其症状的严重程度。大量调查指出，社交焦虑症常常被医生、心理学家或患者身边之人遗忘、

1 Mendlowicz M. V, Stein M. B., «Quality of life in individuals with anxiety disorders», *American Journal of Psychiatry,* 2000, 157, pp. 669–682.

忽略或低估。[1]如果没有切实可行的解决办法，那些没有被医生鉴定出来，也没有被患者意识到的社交焦虑症，一旦发作起来，后果则不堪设想。

下面我们要介绍两个案例，患者的症状似乎是所谓的轻度社交焦虑症，然而他们本人并不这样认为。

让·米歇尔的害怕

毕业于知名高等学府的工程系年轻学生让·米歇尔，27岁，是我们所说的全方位发展的好男孩。他严谨审慎，但并不意味着他胆小如鼠。他很友好，很容易接触。他会主动关注对话者，并毫不犹豫地向他们提出许多问题，因为他生性好奇。他朋友很多，熟人也不在少数，自然参加社交活动的次数也很频繁。他能自我肯定，没有什么为难之处。“我唯一的问题，是害怕。”他坦承。他的障碍寥寥无几，唯有惧怕让他六神无主。

尽管米歇尔告诉我们最近才发现自己会害怕的毛病，但其实他的惧怕早已根深蒂固。从小学开始，老师就在他的成绩单上强调他的笔试成绩超过口试成绩。虽然他可以回答问题并且可以站到黑板前，只是感觉不怎么自在而已。他参加了工程学

1 Ross J., «Social Phobia：The Consumer's Perspective» , *Journal of Clinical Psychiatry,* 1993, 54, 12, pp. 5–9.

院的入学考试，口试成绩还不如中学时的成绩，但让·米歇尔告诉自己这会过去的。成绩不好也许是因为他紧张备考了两年的缘故。他和家庭医生含糊了事、轻描淡写地说起他的症状，家庭医生便为他开了镇静剂。从那时起，他习惯经常服用镇静剂以应对各种场合，因为他可能随时会在一群人面前发言。由于他的工作性质，他要参加很多工作会议并在研究团队或机构面前进行陈述，于是服用镇静剂成了他的习惯。这五六年来，他一周服药好几次，也觉得不妥："镇静剂缓和了焦虑冲突，但惧怕毫发无损；最近一段时间我增加了剂量，却只能感到比从前平静了，它们虽然缓解了压力，但我却萎靡不振，可是不服用又不行。"他解释道。

工程学院毕业后米歇尔得到了第一份工作，就职于一家力争上游的企业。工作会议、当众发言几乎成了他在这家企业工作时的家常便饭。旁听者会激烈批评报告者的发言，还不忘提一些刁钻古怪的问题。于是他失眠了，久治不愈。每晚他都在忍受着预知焦虑症的痛苦。尽管这家企业的工作前途无量，半年后他还是递交了辞呈，主要原因就是他患上了焦虑症。他的害怕愈演愈烈，他参加的跳伞俱乐部为他取得教练资格举办派对，朋友们请他上台发表感言的时候，他突然感到焦虑，而且接连几个月都出现了这样的状况。

他向我们寻求帮助的时候，已"屈才"就职于一家规模不大的中小型企业里。就发展前景来看，他知道自己不会在这家企业逗留很久但他喜欢这家企业营造的家庭氛围，同事们热情洋溢，人际关系让人感觉轻松。所有的问题都会在内部会议或面对面的两个办公室里得到解决。

除了害怕以外，米歇尔和医生的交流及心理测试都没有问题。然而他的害怕其实属于特定社交恐惧症的范畴，医生特别留意到他对病症的描述，所以他要攻克的是这个难关。

一段时间以来，米歇尔反常地三缄其口，即使和朋友、家人聚会或是参加社团活动，他都沉默以对。他逃避那些在六人以上的群体面前发言的场合。他既不屑于在熟悉的环境里训练自己，也没有准备好面对压力指数上升的场合，治疗于是陷入僵局。如同怕吃苦受累、不去训练的运动员一样，失去了参加正式比赛的资格……所以终止他的一切逃避行为、鼓励他去面对那些可怕的场合迫在眉睫。正是因为逃避，他的惧怕才日益严重。医生开始为他制订一系列的训练计划。比如他需要专注地给小外甥们讲故事，在家里吃饭的时候要做个小小的演讲，给他的亲友们说笑话或聊八卦，改变他和小团队的会议形式，尽可能地由自己来向关注最新产品的企业客户们做宣传，等等。让·米歇尔向亲友们坦言，他正在接受治疗，于是在他们欣慰而会心的注视下完成了第一阶段的治疗。接着，他很快就报名去上戏剧表演课，并且几乎每次都和大家一起参与课程活动。显然，这对他的进步大有裨益。他再也不会因为遇见陌生人而困惑不已了。

医生和米歇尔完成了很多角色扮演的训练。他在自己的录像机里回顾了某些训练视频。医生开始培养他在交际中的社交能力，然而最难攻克的难关是改变思维方式。果然，让·米歇尔一直认为自己能摆脱生活困境，无须在众目睽睽之下发言。他的这个想法根深蒂固，因为他的家族视谨慎为美德。他又尤其追求完美，这一点从他品学兼优的学生生涯便可窥见一斑。

治疗，或用米歇尔的话来说是训练，持续了近一年半的时间。从第四个月起，当众发言已不再让他纠结和焦虑，反而成了他通过训练便可实现的目标。治疗一年后，医生建议他服用β-受体阻滞药，并结合训练来应对某些令人惧怕的场合。他服用药物将近一年，但半年内就开始减量。三年以来，米歇尔一直没有服用药物，并攻克了当众发言的难关。偶尔他会在压力指数上升的场合里感到焦虑，但已能做到不再恐慌并迅速恢复。

帕特里夏的脸红

帕特里夏，30岁，是一家女性报社的记者。她刚刚晋升，身负重任。“认识新同事，开始新工作。一切从零开始。我以为自身的问题也会随之而改善。”她说，“然而情况完全和以前一样，问题非但没有改善反而更糟——我随时都会脸红。”帕特里夏患有赧颜恐惧症。

帕特里夏曾经是个活泼、任性的小姑娘，但对某些事物一直心有余悸，尤其害怕黑暗和打针。然而这些都不是真正的恐惧症。青春年少时，粉刺成了她苦恼的源泉。她长久地站在浴室镜前观察那些伤口，还试过将粉刺藏在金色发绺后。让人讶异的是，她依然清晰地记得自己第一次脸红的时候，至少她第一次意识到自己会为此而百般痛苦、心情沉重。某个周六的晚上，她待在自己的房间里胡思乱想；而当时父母正和朋友们享用开胃酒，他们邀朋友来家里共进晚餐。父母的朋友想认识帕特里夏，于是父母叫她出去，并把她介绍给朋友们。可惜，父亲拿女儿长粉刺和长时间照镜子的事情开了个玩笑。她突然脸红了，然后仓皇而逃。她在数年的治疗时间里思考过这个一直纠结着她的小插曲：父母的朋友中有一位魅力十足的男性。一想到此，她更是羞愧难当。之前的医生将她的脸红与禁欲联系在一起分析，但未能解决她的实际问题。也许是她自己不够努力，也许是没有遇上好医生，不管怎样，十五年的光景一晃而过，她的问题一直悬而未决。

大事不妙时，帕特里夏肯定会突然脸红。这种疾病的发作无章可循，但日益严重。她知道某些场合会脸红的可能性要增加十倍，但有时却平安无事。偶尔风平浪静，她却无端脸红了。当然后一种情况比较少见。而且，丈夫很能包容她的赧颜恐惧症。他们开始恋爱的时候，他以为对帕特里夏说“你瞧，这一次你没有脸红”这样的话，会让她开心。但尝试多次后，他在女朋友冰蓝色眼睛的注视下选择了放弃。她向他一再声明她不希望他提这个话题。

帕特里夏没有表现出相关的心理问题。但是，如果她觉得自己挨了批评，或者成了别人挖苦嘲笑的对象，那么在处理人际关系时，她会倾向于采取一些攻击行为。这是她遇到上述情况时的常态。她生硬地向我们解释自己的症状，似乎想说些类似于“咱们到此为止吧”的话。她需要时间来放松。

帕特里夏的生活状态非常稳定，婚姻、孩子、朋友、活动……“除了脸红之外，事事顺心。”她总结道。当患者如是说的时候，治疗医生通常对此持怀疑态度。因为他们知道“只见树木，不见森林”的道理。但对帕特里夏来说，脸红似乎与其他问题没有关系，她完全有理由寻求帮助。

治疗目标很容易确定，无非是鼓励帕特里夏面对别人时，接纳自己会脸红的事实，并接纳谈论脸红的问题。而这一步尤为艰难，几次治疗过程中，气氛渐趋凝重。患者总以为医生想为难她……帕特里夏不愿当着别人的面讲自己脸红的事情。但随着治疗的继续，她已不再顾忌在亲友面前会脸红的这件事。她甚至可以做到幽默地谈论这个问题。逐渐地，她面对单位同事、商贩时也不再忌讳些什么了。她的症状有所好转，脸红的次数越来越少，也很少突然发作。只是面对让人尴尬的对话者，如她的上司、某些引起恐慌的人（也就是她喜欢的人）、对手、敌人等时，她还是会脸红，但她的进步有目共睹。帕特里夏终于明白了这个步骤的意义所在，并进行自主训练。最明显的是，她虽然脸红了，却可以淡定地说话和做事。

让患者逐渐面对问题的治疗步骤只能与自如沟通的训练结合起来进行。帕特里夏需要学会定期表达正面或负面情绪，学会接受批评。这可能是她的症状得以改善的关键时期。比如，她害怕被人恭维，因为这会让她脸红。治疗于是针对表达来进行。在这些时候，她可以说类似于“你说的话很能打动我”这样的话，如此一来，对方虽然注意到她脸红了，但能感到她的内心是愉悦的。同样，气氛紧张时，帕特里夏需要学会放弃所谓“绝对的自控力”，并说出“因为你刚刚说的话，我真的生气了”这样的话。她一直避免谈论自身感受，或许是因为家庭的缘故：她的父亲不轻易流露情绪，甚至会经常嘲讽与情感和脆弱有关的事情；而母亲“有过之而无不及”——她表达情绪的方式是总想使对方感到内疚或受其操控（如“你的行为让我很失望，我高估了你”“你说的话让我很难过，这样对妈妈说话很不礼貌”）。接受批评的能力培养需要在治疗中运用多次角色扮演训练，帕特里夏要么无所回应，要么尖酸刻薄地攻击对方，常常到了有失分寸的地步。但如果是由她来批评别人，情况就会有所好转。在这两种情形下，她的症状会颇为严重，她意识到脸红仿佛向别人传递了自身弱点的信号，他们可以利用这一点来回击或是反复强调她的弱点。她需要训练自己冷静、清晰地回应批评的能力，并能够做到沉着表达自身不满以及要求对方明确指出问题所在、提出合理建议。接受批评的能力使她能够渐渐看重批评中有建设性的交流，而不是将其仅仅视为一场必分胜负的较量。

当然，帕特里夏和其他赧颜恐惧症患者一样，会消极看待脸红症状。她倾向于认为自己的脸红极易被人发现，而且脸红出现时，她不能与对方进行互动。同时，她蔑视脸红。

治疗结束时，帕特里夏终于表达出她对脸红的看法："我依然会为此而窘态百出。因为脸红，我心情低落，但不再觉得它是一种耻辱，也不会再因此而觉得低人一等了。我终于不去想它了，终于可以专注于我正在做和说的事情上……"治疗要求达到的目标并不过分，但她远远超出了既定目标：帕特里夏真真切切地感觉到自己的状态比从前好多了。她和身边人的关系趋于缓和，不那么剑拔弩张了；她的睡眠质量有所改善；拖了好几年的结肠炎痊愈了；她也不会在交流的时候三缄其口了。当治疗医生指出她的改变的时候，她笑着对他说道："我不愿你把我看成一个爱哭鬼……"

需要处理"小"问题吗？怎么处理

帕特里夏和让·米歇尔的两个案例在轻度社交恐惧症中是很有代表性的。何时恢复正常？何时不再犯病？说到真正的疾病，是否应向患者建议真正的（以及昂贵的）治疗？

如果“真正的疾病”指的是使患者的生命变得岌岌可危的疾病或患者因疾病而成了残疾人，生活不能自理的情形，那么这两个案例里的障碍不算是真正的疾病。一般而言，社交焦虑症并不妨碍正常生活。倘若人们要在诊断标准中补充一个简单的概念——痛苦的严重度——它已被神经病科医生越来越多地提及，[1]痛苦的严重性改变了生活质量，那么显然，轻度社交焦虑症也是真正的疾病。因为患者会痛苦、不舒服，并由此而形成障碍。众多研究指出，轻度社交焦虑症如不治愈，后患无穷。[2]因此，为患有轻度社交焦虑症并寻求帮助的人们提供有效的心理帮助意义重大。

一些专业人士对把简单短期的治疗方法如认知行为疗法称为心理疗法，提出了异议。而其他专业人士则认为这是功能训练技巧。[3]治疗一定要长久、复杂才算有效吗？治疗一定要大张旗鼓、目标远大才算安慰吗？不管怎么说，心理医生用了很长的时间才让芸芸众生相信“患者坐了十年的长沙发听风”……而在法国，智慧的表现在于会使用专业术语，在于向人们解释：一切都比表面现象复杂得多。的确如此。简单的治疗是错误的、无效的。然而，尽管某些心理学家深恶痛绝，心

1 Guelfi J.-D., «La mesure de la qualité de vie» , *Annales médicopsychologiques,* 1992, 150, pp. 671-677.

2 Davidson J. et coll., *op. cit.*, p. 317.

3 Zarifian É., *La Force de guérir,* Paris, Odile Jacob, 1999, p. 129.

理疗法仍然是一种治疗方法。它的成效超越了一个时代所使用的疗法，所以，应对其有一个公正评价。目前，只有认知行为疗法可以证明它们对社交焦虑症的疗效。[1]

选择有效疗法还是传统疗法

我们怎样才能做到科学评估某些心理疗法的有效性？所有声称采用科学步骤的心理疗法未必希望如此。然而如果要对某种心理疗法进行评估，那么它必须要经过我们所说的临床试验这一步，用严格、有说服力的数据来证明其疗效，而不是去杜撰那些头痛医头脚痛医脚、驱魔除妖，或是治疗医生具有超能力的故事。

要做到这一步，就需要相当数量的病人，并随机（也就是我们说的“抽样”）将他们分成两组以便对比。比如对其中一组进行为期几个月的心理治疗，而另一组则在相同时间内维持原状；或者对两组患者分别使用两种心理疗法；或者在既定时间内和其中一组进行没有心理疗法的面谈，而另一组则进行药物治疗。既定时间结束后，我们对比两组的结果，同时还要留意到每一组患者开始时的状态。两组的数据一定要有明显差

1 Barlow D. H., Lehman C. L., «Advances in the psychosocial treatment of anxiety disorders» , *Archives of General Psychiatry,* 1996, 53, pp. 727–735.

别，也就是说不可以依赖于偶然性。这种研究复杂、漫长而详细，并要求对患者的进步进行严格评估：试验开始时必须明确定义为治疗疾病而选择的标准，以及病症缓解的标准；同时治疗者必须不介入评估工作，以防有意或无意造成的结果偏差。

尽管要求严格、举步维艰，然而大量的研究工作依然在继续开展。迄今为止，认知行为疗法已在很多疾病的治疗中证明了它们的疗效，其中就有焦虑症和社交恐惧症。[1]世界卫生组织在一份官方报告中也肯定了它们的疗效。[2]但我们也在本书中提过有效不是万能，认知行为疗法在很多案例中也无法发挥作用。许多研究团队目前倾向于研究某些病人或疾病不适合治疗的原因。

实用疗法

认知行为疗法操作简单、有理可循、实用有效。它提倡纠正错误认知的原则，比如慢慢面对畏惧之物、训练自己与人沟通的能力、改变生活观念，它强调定期应用、规划部署的重要性。或许我们还可以更有效地运用认知行为疗法，并将进行自主治疗的社交焦虑症患者自发使用的策略依次纳入其中。的

1 Marshall J., «Social Phobia: an Overview of Treatment Strategies» , *Journal of Clinical Psychiatry*, 1993, 54, 4, pp. 165–171.
2 World Health Organisation, *Treatment of Mental Disorders: a review of effectiveness*, Washington DC, American Psychiatric Press, 1993.

确，心理学家从未见过多数患者通过自己或亲友的帮助治愈了社交焦虑症，更有甚者，在一些有针对性的事件或相遇结束后，患者便终结了社交焦虑症。患者的潜能或许胜过心理治疗医生的能力，有时后者会对诊室里的患者爱莫能助，但绝不要认为患者无法自救。

对合理运用病人的潜能进行研究后，一些研究者身体力行地示范讲解怎样使用自主治疗手册。其实只要手册条理清晰，就能帮助某些患者治愈他们的焦虑症，同时他们也可以偶尔咨询一下治疗医生的意见。[1]从心理治疗层面上来看，中规中矩的寺庙看门人或许也会抗议丑闻，抗议离经叛道、亵渎经籍、背叛先人的行为……虽然这不是理论依据，却是对实用疗法的成效头头是道的评估。当然，人们对实用疗法可持拒绝或接受的态度。无论如何，他们认为心理治疗不一定非要用几年的时间坐在长沙发上才能完成。这也无可厚非。何况，多项研究表明，有效的心理干预可在治疗室以外的地方进行，甚至可以由非心理学家及精神病科的医疗人员来完成治疗。[2]然而，一些专业人士对心理疗法面向除精英人士以外的大众推广，多少有些心存疑虑。

---

1 Pantalon M. V. et coll., «Use and effectiveness of self-help books in the practice of cognitive and behavioral therapy» , *Cognitive and Behavioral Practice,* 1995, 2, pp. 213-228.

2 Marks I., «Vers des standards européens communs mesurant le rapport coût-bénéfice des traitements comportementaux et des autres traitements de routine en santé mentale» , *Journal de Thérapie comportementale et cognitive,* 1994, 4, 1, pp. 3-5.

针对个人表现的心理疗法

害怕、胆怯、抑制、逃避、脸红等破坏生活的轻度症状不仅影响了患者的人际关系，也干扰了他的工作，甚至可能耽误他的美好前途。那些作为时代标志的伟人们，无论其身份是艺术家、学者还是政客，鲜有与世隔绝之人。[1]他们的人生无一例外地需要接触富人，参与各种社交活动，哪怕社交活动不容易掌控，他们也要出席。毕竟形单影只、苦无知音的天才创造的奇迹屈指可数，而且已是陈年往事。神话不是真相。当然，伟人或许真的可以创造奇迹，而对于和我们一样的芸芸众生而言，倘若不能与他人融洽相处，要如何立足呢？很多患者告诉我们，他们因为社交焦虑症而不得不放弃晋升的机会：他们不能满足工作的新身份赋予他们的要求，例如领导团队、组织会议、在报告会上发言……这一切要求他们不仅要胜任工作，还要提高沟通和主持的能力。针对让·米歇尔的情况展开的心理治疗就是以此为基础的。

但我们有时也会对高层领导进行心理干预，也就是我们所说的制订个人规划。他们需要在两三个小时内连续出席 10 ~ 20 个会议。他们在会议期间的心理、行为表现与其处理人际关系的策略和态度很有关系。这类方法与医学无关，而是更多地用

---

1 Post F., «Creativity and Psychopathology: A study of 291 worldfamous men» , *British Journal of Psychiatry*, 1994, 165, pp. 22-34.

来服务于个人发展的规划。人们常常以为，达到权力顶峰的领导们可以完美控制自身的社交焦虑症，因为他们需要树立公众形象、维护职场人脉。然而，真相并不总是如此。他们中的很多人表面看起来如鱼得水，却在一面对社交场合时，就高度警觉并感觉自己永远生活在压力之下。他们在重压之下不堪重负；他们需要业绩来证明自身的能力；他们更需要努力通往成功之路……所有这些诉求让他们成为需要获得心理帮助的人，但对于他们来说，开展心理干预并不容易。

心理干预引发了技术和伦理范畴的很多问题。首先来说技术问题。因为医生在为患者制订个人规划时需要使用特殊工具，比如视频。医生可以用视频来清楚仔细地观察患者微妙的人际关系场景，而这些平时是看不出来的。接着我们要说的是伦理问题。我们很难在其与心理治疗之间划清界限。在为患者进行个人规划的心理介入期间，我们只会确定清晰的战略目标，并且坚决不过问患者过去的经历或其私生活。患者更像是医生的客户而非病人。至于其他心理疗法，比如由伟大的催眠治疗师米尔顿·艾瑞克森（Milton Erickson）[1]或系统治疗师[2]所发展出的治疗方法，已被世人认可：治疗首先需要从具体而明确的问题入手，随后观察症状是否在其他心理功能运行中有所缓解。我们不仅帮助社交焦虑症患者改善与人沟通及交流的方

1 Erickson M., *Ma voix t'accompagnera*, Paris, Hommes et Groupes, 1984.
2 Haley J., *Tacticiens du pouvoir*, Paris, ESF, 1987.

式，更深深改变其看待自己的视角、处理人际关系的方式以及投向未来的目光等。因此，执行改变计划的支撑点比问题的原因更为重要。有人认为，这种方法从心理学上来说并不可取，但终有一日我们会寻到解决办法：难道我们不想治好病人，或是跟随习惯吗?

结论 “想象你自己赤身裸体……”

1993年，世界精神病学大会在里约热内卢召开。一位女性站在会场的论坛上面对专家组成的听众席发言。她就是全世界收容焦虑症患者的最大机构——美国焦虑症协会的主席杰瑞琳·罗斯（Jerilyn Ross）：

“想象一下当你回到会场，突然发现自己赤身裸体，不妨设想一下你的全部感受……很可能是尴尬和羞辱。你会做什么呢？企图逃跑，躲开人们的目光？要是用不了多久的时间，你又遇到已经见过的人，你会怎么办呢？

“刚才所说的一切，就是不同程度的社交焦虑症患者和社交恐惧症患者会产生相同感受的事情。但在某些极度乏味的场合里，比如当着一群朋友的面发言，或去买法棍面包……他们就已经习以为常。”

这名来自强大的治疗消费者协会（可惜在法国没有

类似机构）的代表告诉我们：他们的机构每年都会收到成千上万人的来信，他们当中的很多人都在信中讲述了社交焦虑症及社交恐惧症对自身造成的所有障碍和痛苦，以及无法寻求帮助的慌乱不安。而今天我们知道了社交焦虑症和社交恐惧症可能会对患者的生活造成巨大损失[1]，而且我们还从近期的研究中得知它们发作的频率与日俱增，[2]那么，我们就不会只提议患者静观其变了……

我们在这部书里揭开了患者无知的面纱，而在面纱的伪装下，隐藏着他对他人的惧怕。如果患者意识到自身的问题所在，并了解疾病的内在机制，那么他就不算深受其害了。一旦熟悉了专业人士使用的有效治疗的策略，他便能控制疾病。一旦他致力于焦虑症的治疗以及人际关系的改善中，便可最终为自己赢得称心如意的人生。

人是在与别人的交流中进行自我建构的。对于我们来说，关系食粮和物质食粮一样不可或缺。我们所说的预防各类心理疾病以及精神障碍的社会支持层出不穷。具有良好人脉的人会比人脉匮乏之人受到更好的保护。的确如此。这里不只涉及精神疾病的范畴，还包括诸多

---

1 Wittchen H. U., Fuetsch M., Sonntag H. et coll., «Disability and quality of life in pure and comorbid social phobia. Findings from a controlled study» , *European Psychiatry,* 2000, 15, pp. 46–58.

2 Heimberg R. G., Stein M. B., Hiripi E., Kessler R.C., «Trends in the prevalence of social phobia in the United States: a synthetic cohort analysis of change over four decades» , *European Psychiatry,* 2000, 15, pp. 29–37.

生理疾病。因此，深入研究社交焦虑症可以不断帮助人们获得幸福。同样，当我们去看医生时，他会询问我们的睡眠质量或胃口，可他为什么不关注我们和他人的交流质量及自在程度呢？当然，我们不能用人际关系的尺度来衡量一切：与他人融洽相处不足以证明能和自己和平共处。然而人际关系对于人类平衡、交流而言必不可少。

很久以来，心理学只重视那些被孤立起来的患者。研究者关注患者的无意识、过去、幻想、抑制、欲望……也许是时候来关注一下患者与自身环境，尤其是社交环境的关系了。事实证明，这种关注能让社交焦虑症有所缓和，因为人类要面对的肯定不只是自己。

我们在学校里学习体操、音乐和绘画。稍晚一些，如果我们愿意，可以去学习塞尔维亚—克罗地亚语（南斯拉夫通用语言）、超越论或陶艺。但是，和生活中（几乎）所有重要的事情一样，如何与他人自然相处之道不会被人传授。我们为什么会放弃一个对人类发展来说如此重要的领域呢？

附 录

评估你对他人的惧怕

你将会在以下几页看见一张表格，里面罗列了我们每个人可能都会遇到的场景。

请你标出符合你目前（不是一年前，也不是一个月前）情况的选项，同时在0～3的范围内给出你的分数：

——第一栏是你在罗列场景中的不适程度。

——第二栏是你逃避该场合的倾向指数。

假如你从来没有面对过罗列的场合，那么请设想一下不适程度和逃避趋向指数。

当然，答案没有“好”“坏”之说。请忠实于自己。

不要浪费时间去思考如何回答问题，你的第一印象必定是最准确的。

我们不是有意要对你填写的关于社交焦虑症的问卷

做一个没有错误的诊断。须知只有专业人士（医生或心理学家）才可以做出正确诊断。

然而，假如你诚实回答问题，并阅读相关说明，那么你会就自己对他人的惧怕得到几点有用的提示。

	我在该场合中 0=没有任何不适 1=轻微不适 2=非常焦虑 3=真正恐慌	**我逃避该场合** 0=从不 1=很少 2=经常 3=一直如此
1. 当众发言（演讲、陈述等）		
2. 面对对你而言很重要的人，吐露心声		
3. 参与讨论并表达观点		
4. 看电影、戏剧或听音乐会时，要求某个高声谈论的人保持安静		
5. 你正在做事（打字、修修弄弄、缝补等），有人看着你		
6. 参加晚会，但你认识的人寥寥无几		
7. 致电重要的行政机构（省政府、社会保障厅等）		
8. 向要求你提供服务的人说“不”		
9. 遇见某个身份显赫或身居高位的人（老板、名人等）		
10. 与你不认识的人交流		
11. 当着他人的面写字、吃饭、喝水或行走		
12. 退还商家已售出但不适合你的商品		
13. 参加口语考试、能力测试或招聘面试		
14. 和邻居或商贩闲话家常（雨天、晴天等）		

你的惧怕程度

请你将两栏28个空格里填写的分数相加，以便了解你对他人惧怕的程度。

你的总分应介于0～84分之间。

你的总分如果低于10分：

在他人面前，你好像从来没有半点不适。你真的忠于自己吗？你不会是人类的一种变异体吧？

你的总分如果介于10～29分之间：

面对他人的时候，你偶尔感觉轻微焦虑。这种反应是正常的，但可能会影响你的某些社交关系，尤其是当你在好几个选项中都打上2或3分的时候。

你的总分如果介于30～50分之间：

你好像害怕很多面对他人的场合，并因此而痛苦。不妨设法解决一下社交焦虑症的问题。

你的总分如果高于50分：

你在与他人的交流中非常焦虑，你的生活也因此而受到影响，建议去找医生或心理学家咨询。

你的惧怕反应

假如你的确惧怕他人，也就是说先前相加的分数总和至少是10分，那么现在可以分析自己对这种惧怕的反应了。

首先计算你的焦虑指数，将第一栏里的14个分数相加，应介于0～42分之间。

接着计算你的逃避指数，将第二栏里的14个分数相加，应介于0～42分之间。

最后，对比这两个分数。

假如你的焦虑指数明显低于逃避指数（相差5分以上）：

对他人的惧怕导致了你逃避某些交往。这非常容易理解，但你没有为自己创造最好的机会来缓解惧怕。请尽量去面对更多的场合。

假如你的焦虑指数接近逃避指数（相差低于5分）：

你总是努力面对与人交往的场合，即使你有时感觉不适。但要注意的是，有时你会放弃。这很遗憾，因为你可能在用某种方式维持惧怕。

假如你的焦虑指数明显高于逃避指数（相差5分以上）：

尽管你与他人的多次交流导致了你的惧怕，你还是尽量经常去面对场合。很棒，你应该继续努力。然而，如果你的焦虑一直没有得到缓解，那可能是因为不易察觉的逃避行为从中作梗，或者你还不知道自己究竟惧怕哪些社交场合，不妨听听相关治疗医生的意见吧。

你的惧怕类型

如果你的确害怕他人，也就是说你的总分至少为10分，那么你可清楚地了解到在与他人接触的过程中，让你害怕的事情。请你分别看看你在每个场合里所填写的分数。

假如你在场景1、3、7、9、13栏中填写了最高分（焦虑或逃避）：

你最为惧怕的事情是被他人评估，也就是说害怕别人负面评价了你或你刚刚做的事情。

假如你在场景2、6、10、14栏中填写了最高分（焦虑或逃避）：

让你尤为焦虑的事情是向他人吐露心声，也就是说别人可以更好地了解你的内心感受以及你深藏不露的个性。

假如你在场景4、8、12栏里填写了最高分（焦虑或逃避）：

你颇觉为难的事情是，强迫自己面对他人，也就是说有效行使你的权利并捍卫你的观点。

假如你在场景5、11栏里填写了最高分（焦虑或逃避）：

让你浑身不适的事情是——他人的目光，也就是说他们一直或偶尔留意观察你。

社交恐惧症的诊断标准

根据《精神疾病诊断与统计手册》第四版

（《精神疾病诊断与统计手册》，美国精神病学协会出版，华盛顿哥伦比亚特区，1994）

A. 在不熟悉的人面前或被他人注意、观察时（可能如此），害怕自己可能会做出一些使人难堪的行为或表现出焦虑症状。

注意：应该注意儿童和熟悉的人建立社会关系的年纪，焦虑不仅会在和成人接触时表现出来，还会在和别的孩子相处时有所体现。

B. 处于自己害怕的社交场合，几乎不可避免地产生焦虑，并可能出现仅限于此情境的惊恐发作或预感焦虑。

注意：儿童的焦虑是通过哭泣、愤怒、抑制、逃避有陌生人存在的社交场合表现出来的。

C. 患者认知到这种害怕是不合理的或过度的。

注意：此条标准不适用于儿童。

D. 患者一般都设法避免这种情景，否则便带着极度的焦虑或痛苦忍受着它。

E. 这种对恐惧情景的避免、焦虑的预感或害怕反应，明显地干扰患者的日常生活、工作或社交，使患者深受其苦。

F. 年龄小于18岁的患者，其病症持续时间至少为6个月。

G. 这种害怕或回避不是由于某种物质（比如毒品或药物）或一般性躯体状况所致的直接生理性反应，并排除其他精神障碍（因广场恐惧症、分离焦虑症、变形恐惧症、类精神分裂症人格障碍或其他引起的恐慌）而引起的焦虑或恐惧性回避。

H. 如存在某种一般躯体情况或其他精神障碍，那么A类型害怕也与之无关，例如患者不会害怕自己的口吃、帕金森氏病的震颤或神经性厌食或贪食症的异常进食行为。

假如你患有的是广泛焦虑症，那么请具体指出你所惧怕的场合类型。

同时也请你认真阅读补充的逃避型人格障碍的诊断标准。

逃避型人格障碍的诊断标准

根据《精神疾病诊断与统计手册》第四版

逃避型人格障碍表现为回避社交活动、缺乏自信、对负面评价过分敏感。逃避型人格障碍在成年初期已见端倪，并会在不同场合中有所表现。只要满足以下四项，即可诊断为逃避型人格：

A. 逃避工作活动，因为这些活动很容易接触他人，害怕因他人的批评、不赞同或排斥而受到伤害。

B. 除了至亲之外，没有好朋友或知心人。

C. 不愿与人建立亲密关系，怕无地自容，怕惹人笑话。

D. 害怕在社交场合中被批评或被排斥。

E. 行为退缩，对需要人际交往的社会活动或工作总是尽量避免。

F. 认为自己没有社交能力、没有魅力、低人一等。

G. 在做那些不在自己常规范围内的事或是参加新活动时，不愿冒险或是担心露出窘态。

如果你想在阅读完此书之后，与你的某位至亲聊聊社交恐惧症或告诉他摆脱此症需要付出的努力，我们为此撰写了两份总结性的文字，你只需几分钟的时间便能将其阅读完毕。请你在努力改变自身的同时，考虑定期阅读此书。

你需要了解的社交恐惧症

你（或你的一位亲友）患有社交恐惧症，并深受其苦。

医生及研究者对社交恐惧症这种心理疾病的了解越来越透彻。迄今为止，他们已发展出很多有效的治疗方法。

你需要掌握这些文字里的信息，以便从容面对社交恐惧症对你的生活所造成的影响。

认真阅读、重读这份资料，然后和你的医生或治疗师一起重新探讨你的疾病，你应向他们请教你在阅读时脑海中闪现的所有问题。

I 什么是社交焦虑症

你可能已经试过向亲友们谈论你的问题。他们也许会告诉你，在某些场合下自己有时也会感到胆怯和惧怕。可是，你仍然觉得你的问题从性质上来说更为严重。

事实上，大部分人已经感觉到社交焦虑症的存在，即担心别人的评价。他们在害怕（害怕面对公众发言、害怕面对有威慑力的人物）或胆怯（和陌生人第一次接触时过分谨慎）中发现了这种担心。

社交焦虑症不会妨碍患者的正常生活，故而往往不会被视作疾病。但它的重度形式——社交恐惧症，是真正的心理疾病。

正常与病态

正常的社交焦虑症	病态的社交焦虑症＝社交恐惧症
你没有因为社交焦虑症而被迫逃避社交场合	你被迫逃避诸多社交场合
多次面对他人或场合后，你的焦虑有所缓解	即使你多次面对他人和场合，你仍然无法放松警惕
你尤为不适及难堪	你经常会感到恐慌和羞耻
即使你需要时间来约束自己，你的身边仍旧不乏朋友，你仍与人交往	你的朋友寥寥无几，你很少与人交往

II 什么是社交恐惧症

社交恐惧症包括三种表现。

不堪重负的情绪。进入社交场合前及置身其中时，焦虑就会突袭；社交场合结束后，羞耻感则油然而生。患者经常无法控制焦虑，于是不想面对社交场合。羞耻感的产生是因为觉得自己给别人造成了可笑及无趣的印象。羞耻感导致患者故步自封，使他们既不寻求帮助也不征询亲友意见。

负面想法。社交焦虑症患者一直惧怕别人的评价。他们总以为别人会观察自己并留意自己的缺点，甚至可能会用言语来攻击他。社交恐惧症患者自信不足，感觉低人一等，并负面评价自己做过的事情。

逃避行为。社交恐惧症促使患者逃避社交场合，因为他认为自己很容易在场合中受伤。他会拒绝某些邀请，缺席会议等。倘若他无法逃避，他会采取自我保护的行为，意欲转移别人的注意力，比如变得沉默寡言、不看对方也不发表意见。

而逃避行为、负面想法及不良情绪又相互影响，让社交恐惧症患者深陷其中无法自拔：他越逃避就越感到羞耻；他的害怕与日俱增，由此导致他不断对自己做出负面评价，不断逃避场合。所以，社交恐惧症通常不会自行消失，反而在患者的生命中经久不衰。

III 很多人都患有社交恐惧症吗

最新研究指出，至少有2%～4%的人患有社交恐惧症。也就是说，法国就有一两百万的患者。社交恐惧症是最为常见的心理疾病之一，但也是最不引人注意的疾病之一。这是因为患者常常将恐惧症掩藏起来，因为他们以为自己是唯一犯病的人。

IV 社交恐惧症对患者日常生活造成的影响

专业人士的研究表明，社交恐惧症会对患者造成巨大的困扰。他会越发孤独，工作进展不顺，还会引发其他疾病和问题，例如抑郁症或酗酒。患者在日常生活中也承受着难以言喻的痛苦，患者身边的人通常不会认为他们胆怯，反而觉得他们傲慢、冷淡、不太友善。这种误解应归因于患者的自我保护意识及他们在自己与他人之间设置的距离。

V 社交恐惧症的各种表现

社交恐惧症有各种表现形式。有时患者特别害怕身体发出的焦虑信号：脸红、流汗、颤抖；有时患者害怕面对具体的场合，如在他人面前写字，或当着超过3～4人的人群发言。这种病还广泛表现于患者害怕以各种形式接触别人，哪怕只是被别人观察了一下，也会引起他的焦虑。

社交恐惧症患者难以应对的日常场景

场景类型	具体例子	在日常生活中的不适
必须好好表现的场合	在众目睽睽之下陈述或朗读，参加口语考试、招聘面试……	患者不能在工作会议上或学生家长面前发言，也不能在举行家庭、宗教仪式的时候朗诵……
必须要聊天或交流只言片语的场合	和邻居、商贩及同事们谈论雨天或晴天……	患者会避免遇到他们的邻居，避免去小商贩那里，工作时不参与咖啡间歇……
必须要暴露自己或者在深入讨论中重提自己的场合	结交某人、谈论自己、回答与自己有关的问题……	患者逃避邀请、友情或爱情……
需要自我肯定的场合	发表意见、表达不赞成、回应批评或者点评……	患者在讨论中从未发表过自己的意见，不会要求或面对售货员……
人们会被观察的场合	在有人看着自己的情况下吃、喝、写，返回到一个已经有人的场所（交通工具、等待厅）……	不去餐厅、酒吧，不能写一张支票或填一份表格，不得不第一个抵达会议室……

VI 社交恐惧症从何而来

今天，人们依然不能确定引起社交恐惧症的原因。在某些情况下，人类自出生起就有面对所有新鲜或未知事物的焦虑倾向，但也应考虑到家庭环境的因素。面对惜字如金、不懂待客之道的家人，患者同样会有社交恐惧症的倾向。还有，在青春期受到的伤害（曾经成为嘲笑、孤立的对象），也会导致社交恐惧症突然发作。

VII 社交恐惧症可以治愈吗

今天人们可以通过很多颇有成效的方法来治愈社交恐惧症。医生可以为你开具某些处方药来帮助你控制惧怕，但有时需要辅以心理治疗。

缓解社交恐惧症最有疗效的药物不是镇静剂而是所谓的血清素抗抑郁剂（因为它们的5-羟基色胺对与焦虑、抑郁有关的神经递质发挥了作用）。就算你没有患上抑郁症，它们依然可以治疗恐惧症，而且疗效明显。只要长期坚持服药，药物治疗就可以帮助你缓解社交恐惧症，并逐渐恢复正常生活。

社交恐惧症也可以运用具有疗效的行为、认知疗法等心理治疗。它们帮助患者从容应对让他心生惧怕的场合，并能控制因场合而引起的焦虑；它们纠正患者对自身的负面想法以及对他人评价的过度担心。无论什么时候，心理疗法都需要医生和患者来共同开展：治疗医生支持、建议、引导、鼓励患者，解答他的疑问；而患者也要尽量配合治疗医生，听从他的安排，并在每次治疗中完成医生要求的训练。

VIII 结论

社交恐惧症是一种常见的焦虑症疾病，它经常给患者造成巨大的痛苦和严重的社交障碍。今天我们已经可以通过药物治疗或对症的心理疗法等有效手段对其进行治疗，但仍然需要社交恐惧症患者付诸努力。假如你听从医生或治疗师的建议，就一定可以渡过难关。

你需要了解如何克服日常生活中的社交恐惧症

你是社交恐惧症患者，并深受其苦。

社交恐惧症不会自行消失，你需要积极面对并将其克服。现在我们知道为了克服和超越这种心理疾病该朝什么方向努力。以下是几点建议，作为对你的医生或治疗师建议的补充，别忘了和他一起讨论讨论。

I 不再接纳社交恐惧症

当患者被诊断出患有社交恐惧症时，他早已为此承受了几年的痛苦。他常常听之任之，并对其逃避，因其羞耻、惧怕。他将其视为因性格、意愿及脆弱而引起的不幸或失败，他对此无可奈何。更有甚者，认为问题不是来自自己，而是来自他人（他们极尽挑衅、自私、挖苦之能事），还有患者并不认为他是在逃避，反而觉得这是习惯使然。

无论怎样，患者们更多地倾向于放任自流，并且接纳了这种疾病。这种态度必须被制止：要治愈你的社交恐惧症，就得把你的这种态度视为家里的不速之客，你虽然没有邀请它，但它却住进了你的家里。

训练自己不再听从社交恐惧症发出的指令，比如因为我们感到焦虑就逃避某些场合，因为我们感觉到羞耻就回避别人……

这个过程必须是循序渐进的，想一次解决问题是不可能的。

II 换个角度来看问题

1. 归因于社交恐惧症的错误心理

社交恐惧症患者常常在分析自己所经之事的方式上犯错。他们通常以为：

- 人们会看穿自己内心的不适；
- 对方会因为他们的脆弱或局限性而负面评价他们；
- 对他们的负面评价是不可挽回的灾难。

事实上：

- 人们不总会看穿患者的不适。我们的心跳不会被人听到，偶尔一次的脸红或颤抖只会在患者为难自己，不与对方继续交流的时候才会被人留意。
- 即使对方注意到社交恐惧症患者表现出了轻微不

适，他也能改变自己的判断并告诉自己："这个人虽然有些情绪化，但为人热忱、精明强干。"患者如表现出感动或困惑的言行未必就会遭人排斥。

- 最后，即使对方做出了负面评价（这种情况其实很少见，并不像社交恐惧症患者以为的那样），也无须将其视为无可挽回的灾难。每一个人都不可能被别人一直喜欢和重视！

2. 归因于社交恐惧症患者的过分要求

社交恐惧症患者一般对自己要求严格。较之那些没有社交恐惧症的人们，他们有过之而无不及。他们不能接受不完美，不能接受自己不能取悦于人。我们发现社交恐惧症患者拥有极端信仰。比如：

- "我必须要说点新鲜事儿，否则大家会觉得我很无趣"；
- "我绝不能让别人看出我的不适，否则就会被大家排斥"；
- "大多数人一看到弱者就会欺负他们"。

你必须要意识到这些信仰的极端性，唯有如此，你才能克服社交恐惧症。我们接着会举例说明如何调节你的信仰：

- "我得承认有时交流中会出现沉默；大家都会聊些稀松平常的事情；而且每个人都会遇到这些情况"；

- “即使大家看到我泪流满面，仍然不妨碍他们对我的欣赏”；
- “幸好挑衅的人只是少数”。

III 面对情绪：惧怕和耻辱

1. 面对惧怕

惧怕经常出现在参加社交场合之前和置身其中的时候。

之前：患者觉察到预知焦虑，于是设想自己出师不利，他们为自己放映了一部以灾难剧情为基础的恐怖片。

置身其中：患者感觉到自身的惧怕，所以更加关注自己。他会产生“这会被人看穿吗”“要是焦虑不停上升呢”的疑问。从这一刻起，社交恐惧症患者不再关心场合而是留心自己的焦虑、感受以及他人所想。事实上，别人什么都没有注意到，至少从一开始就是这样；一段时间后，他们偶尔会留意到患者好像心不在焉、忧心忡忡、不太自然……而患者此时正独自沉溺于社交焦虑症中，久久不能自拔。

怎么办？

很少有人没有体会过社交焦虑症，即使不是社交恐惧症患者也能偶尔有所察觉。尽管社交焦虑症无刻不在，我们也应该学会负重前行。只要患者不再关注自己，将精力集中在场景里的其他事物上，焦虑会慢慢变成背景中的噪音，最终消失殆尽。

2. 克服羞耻感

羞耻感是一种社交恐惧症患者常有的、感觉沉重的情绪。它一般会出现在置身社交场合时及离开场合之后。

置身社交场合时：患者认为自己的所言所行都可笑之极，并感觉自卑。问问那些没有社交恐惧症的人，如果他们赤身裸体地参加晚会或和别人交流，他们会是什么样的状态？或许他们能体会到患者的羞耻感。

之后：患者反复检讨自己假设的错误和愚蠢（“我原本不应该有这样的言谈举止的，这下大家都看见了，他们一定会对我没什么好印象，并小瞧我的”）。

怎么办？

和焦虑一样，羞耻感在治疗初期很难清除。患者首先要战胜自己才能控制羞耻感及其影响。

控制羞耻感，也就是说不再将其广而化之。患者不能因为在晚会上表现拘谨就认为“一切都完了”“大家都小看我了”以及“我们每个人都悲哀而平庸”。从建设性的角度来进行自我批评是很可取的（“下次，我应该尽量在更多的人面前发言”），不可取的是进行自我摧残。如果你的一位好友也和你一样患有社交恐惧症，你会怎么和他说话呢？你肯定不会小题大做，你会让他了解自己的优点，帮助他下次从容应对。那么，你是否也会对自己做同样的事情呢?

与此同时，我们要重视羞耻感带来的影响。羞耻感强烈的人会自我隔离、自我隐藏。对于一个社交恐惧症患者来说，羞耻感只会加剧他的症状，因为他会选择和别人断绝来往（比如，某些患者不愿意再见到看过他们脸红的人），尤其是他将自己封闭在自己的信念里：如果患者不尝试接纳别人的观点，他只会自艾自怜；但如果他做到接纳别人的观点这一步，那么他会渐渐恢复正常或不再尴尬了。

Ⅳ 不再逃避

1. 逃避

逃避令人尴尬的场合似乎合情合理：如此一来，患者就能避免承受痛苦。然而，现在我们知道每一次逃避都会加重或维持患者的社交恐惧症。越逃离，就越无法面对。

两种逃避：

- 场合的逃避（不赴晚会，避免和同事一起午餐）。
- 不易察觉或不引人注意的逃避（无法抽身的场合里，使出浑身解数来避免暴露自身的脆弱，比如不看、不说，比如害怕颤抖，便不拿东西）。

2. 面对社交场合

逃避只会加剧、拖延社交恐惧症，而面对则会慢慢减轻社交恐惧症。当患者进行治疗医生所说的“面对训练”时，仍然要遵循一定的规则：

• 长久面对令人焦虑的场合。也就是说，尽可能每次训练时间都维持在至少30～45分钟。训练时间太短不利于缓解焦虑症。

• 定期面对场合。一次不足已可使焦虑成形，训练要重复多次才能坚决而持久地击退焦虑症。

• 面对训练应按照循序渐进的原则进行。社交恐惧症患者面对自身惧怕时会备觉痛苦，不堪负重和身心疲惫。这就是为什么医生会建议他们按照从易到难的原则进行训练。

3. 如何真正面对

面对让你焦虑的场合时，不妨想想以下规则。

• 不要再关注你的焦虑，而是留意场合里的一切。

• 想想即使你不适到了极点，别人也无法得知，因为他们一般不会留意你的焦虑。

• 练习结束后，不要认为自己一无是处，反而应该为自己的勇敢和尝试喝彩。不妨想想下一次哪些方面可以做得更好。

V 结论

我们在此处提供的所有建议不一定适用于你的情形，所以你需要向医生或治疗师寻求帮助。世界上有很多病人都受益于各种治疗方法，希望它们也能帮助到你。

你也要想点儿解决办法来改变你的日常生活。如果你做出改变计划，请你将其具体化：打电话（或者写信，这很难）给你很长时间都没有联系的朋友，重新将你的亲友邀请到家里来，尽量和商贩、邻居说两三句话（开始的时候不必太强求），抬头不要逃避他人的目光……克服这些日常中的小毛病（即使你偶尔败下阵来）将会帮助你打败社交恐惧症。

加油！